高等职业教育系列教材

伺服系统与变频器应用技术

主　编　陈晓军

副主编　刘宪鹏

参　编　朱云开　吴长贵

主　审　张　鹰

机械工业出版社

本书共9章，第1~3章介绍了机电伺服系统（包括直流伺服控制系统和交流伺服控制系统）的相关知识；第4~7章以实际生产中广泛使用的西门子MM440变频器为例，介绍了变频器的基础知识、基本操作以及利用变频器对电动机的速度控制；第8、9章介绍了变频器的选用与维护及其在具体工程案例中的应用实例。每章后都配有一定量的测试题。

本书可作为高职高专院校机电工程、电气自动化等专业的教材，也可作为应用型本科、自学考试和相关专业应用技能培训班的教材，以及相关行业工程技术人员的参考用书。

为配合教学，本书配有电子课件，读者可以登录机械工业出版社教育服务网 www.cmpedu.com 免费注册后下载，或联系编辑索取（QQ：2850823889，电话（010）88379739）。

图书在版编目（CIP）数据

伺服系统与变频器应用技术/陈晓军主编 .—北京：机械工业出版社，2016.3（2021.7 重印）
高等职业教育系列教材
ISBN 978-7-111-52915-6

Ⅰ. ①伺… Ⅱ. ①陈… Ⅲ. ①伺服系统 – 高等职业教育 – 教材 ②变频器 – 高等职业教育 – 教材 Ⅳ. ①TP275②TN773

中国版本图书馆 CIP 数据核字（2016）第 027965 号

机械工业出版社（北京市百万庄大街 22 号 邮政编码 100037）
责任编辑：李文轶 责任校对：张艳霞
责任印制：张 博

涿州市般润文化传播有限公司印刷

2021 年 7 月第 1 版·第 8 次印刷
184mm×260mm·13 印张·320 千字
标准书号：ISBN 978-7-111-52915-6
定价：35.00 元

电话服务　　　　　　　　　　　网络服务
客服电话：010-88361066　　　机 工 官 网：www.cmpbook.com
　　　　　010-88379833　　　机 工 官 博：weibo.com/cmp1952
　　　　　010-68326294　　　金 书 网：www.golden-book.com
封底无防伪标均为盗版　　　机工教育服务网：www.cmpedu.com

前　言

　　伺服系统与变频技术是一门多学科融合的技术，编者结合多年的教学工作实践经验，以培养应用型人才为目标，编写了本书，旨在满足当前高等职业教育的需要。

　　本书编写过程中，参考和吸取了国内外同类教材的优点，着重体现"淡化理论，够用为度，培养技能，重在运用"的指导思想，精简理论知识推导，重点突出实用技术及其运用。全书共分9章，第1~3章介绍伺服系统的基本知识；第4~7章介绍变频器的基础知识和基本操作，第8、9章介绍在实际生产过程中变频器的应用。每章都配有相应测试题。

　　本书是机械工业出版社组织出版的"高等职业教育系列教材"之一，由江苏城市职业学院陈晓军副教授拟定大纲，并编写了第1、2、3章，刘宪鹏编写了第4、5章，朱云开编写了第6、7章，吴长贵编写了第8、9章。陈晓军组织全书的编写及统稿，江苏城市职业学院张鹰副教授担任主审。

　　本书在编写过程中，参阅了同行专家们的论著文献及相关网络资源，并得到了单位同仁们的大力支持，在此一并表示真诚致谢。

　　限于编者的学识水平和实践经验，书中不妥之处在所难免，敬请专家和读者批评指正。

编　者

目　　录

第1章 机电伺服系统概述

【导学】

📖 何谓机电伺服系统？常见的机电伺服系统有哪些？

在机电控制技术中，一般将系统按要求精确地跟踪控制指令、实现理想的运动控制的过程称为"伺服控制技术"。伺服系统是自动控制系统的一个分支，是以机械参数为控制对象的自动控制系统，其中，机械参数主要包括位移、角度、力、转矩、速度和加速度等。伺服系统按所用驱动元件的类型可分为机电伺服系统、液压伺服系统和气动伺服系统。所谓机电伺服系统是指以电动机作为动力的伺服系统。

机电伺服系统最初用于船舶的自动驾驶、火炮控制和指挥仪中，后来逐渐推广到很多领域，特别是自动车床、天线位置控制、导弹和飞船的制导等。机电伺服系统大量地存在于普通工业设备、国防军事装备和几乎所有生产制造装备之中。机电伺服系统的控制部分能够按照系统功能的要求，在输入电气动力执行部件的各种电参数后，使电气动力执行部件得到有效的控制。

近年来，随着微电子技术、计算机技术、现代控制技术和电力电子等技术的快速发展，伺服控制技术的发展迎来了新的发展机遇，其应用几乎遍及各个领域，如雷达和各种军用武器的随动系统、数控加工、机器人、办公自动化设备及家电设备等领域。

【学习目标】

1）掌握伺服系统的概念和主要类型。
2）掌握机电伺服系统的基本组成和工作原理。
3）了解机电伺服系统的特点及发展趋势。

1.1 机电伺服系统的概念及分类

1.1.1 伺服系统的概念

伺服系统又称随动系统，用来控制被控对象的某种状态，使其能够自动地、连续地、精确地复现输入信号的变化规律的反馈控制系统。伺服系统的主要任务是按照控制命令要求，对信号进行变换、调控和功率放大等处理，使驱动装置输出的转矩、速度及位置都能得到精准方便的控制。

随着现代科学技术的飞速发展，伺服控制已经发展成为一门综合性、多学科的技术，微电子与计算机技术也渗透到伺服控制系统的各个环节，成为控制技术的核心。根据预定控制方案和面对复杂环境实现各类运动，并使之达到规定的技术性能指标，将计算机的决策、指令变为所期望的机械运动，是现代机电伺服系统的主要任务。

1.1.2　伺服系统的分类

伺服系统可以按驱动方式、功能特征和控制方式等进行分类。

1. 按驱动方式分类

伺服系统按照驱动方式的不同可分为电气伺服系统、液压伺服系统和气动伺服系统，它们各有其特点和应用范围。由伺服电动机驱动机械系统的机电伺服系统，广泛用于各种机电一体化设备。其中，电气伺服系统根据电气信号可分为直流伺服系统和交流伺服系统两大类。

（1）直流伺服系统

直流伺服系统常用的伺服电动机有小惯量直流伺服电动机和永磁直流伺服电动机（也称为大惯量宽调速直流伺服电动机）。小惯量伺服电动机最大限度地减少了电枢的转动惯量，所以能获得最好的快速性，在早期的数控机床上应用较多，现在也有应用。小惯量伺服电动机一般都设计成具有较高的额定转速和较低的惯量，所以应用时要经过中间机械传动（如减速器）才能与丝杠相连接。目前，许多数控机床上仍使用这种电动机驱动的直流伺服系统。永磁直流伺服电动机的缺点是有电刷，限制了转速的提高，而且结构复杂、价格较贵。

直流伺服系统适用的功率范围很宽，包括从几十瓦到几十千瓦的控制对象。通常，从提高系统效率的角度考虑，直流伺服系统多应用于功率在 100 W 以上的控制对象。直流电动机的输出转矩同加于电枢的电流和由激磁电流产生的磁通有关。磁通固定时，电枢电流越大，则电动机转矩越大。电枢电流固定时，增大磁通量能使转矩增加。因此，通过改变激磁电流或电枢电流，可对直流电动机的转矩进行控制。对电枢电流进行控制时称电枢控制，这时控制电压加在电枢上。若对激磁电流进行控制，则将控制电压加在激磁绕组上，称为激磁控制。电枢控制时，反映直流电动机的转矩 T 与转速 N 之间关系的机械特性基本上呈线性特性，见图 1-1 所示。

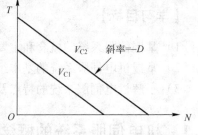

图 1-1　直流电动机的机械特性

图 1-1 中 V_{c1}、V_{c2} 是加在电枢上的控制电压，负斜率 D 为阻尼系数。电枢电感一般较小，因此电枢控制可以获得很好的响应特性。缺点是负载功率要由电枢的控制电源提供，因而需要较大的控制功率，增加了功率放大部件的复杂性。例如，对要求控制功率较大的系统，必须采用发电机-电动机组、电机放大机和晶闸管等大功率放大部件。

激磁控制时要求电枢上加恒流电源，使电动机的转矩只受激磁电流控制。恒流特性可通过在电枢回路中接入一个大电阻（10 倍于电枢电阻）来得到。对于大功率控制对象，串联电阻的功耗会变得很大，很不经济。因此激磁控制只限于在低功率场合使用。电枢电源采用恒流源后，机械特性上的斜率等于零，引起电动机的机电时间常数增加，加之励磁绕阻中的电感量较大，这些都使激磁控制的动态特性较差、响应较慢。

（2）交流伺服系统

交流伺服系统使用交流异步伺服电动机（一般用于主轴伺服电动机）和永磁同步伺服电动机（一般用于进给伺服电动机）。由于直流伺服电动机存在着有电刷等一些固有缺点，其应用环境受到限制。交流伺服电动机没有这些缺点，且转子惯量较直流电动机小，使其动态响应好。另外，在同样体积下，交流电动机的输出功率可比直流电动机提高10%～70%。同时交流电动机的容量可以比直流电动机造得大，达到更高的电压和转速。因此，交流伺服系统得到了迅速发展，已经形成伺服系统的主流。从20世纪80年代后期开始，大量使用交流伺服系统，有些国家的厂家已全部使用了交流伺服系统。

2. 按功能特征分类

伺服系统按照功能的不同，可分为位置控制、速度控制和转矩控制等类型。

（1）位置控制

位置控制是指转角位置或直线移动位置的控制。位置控制按数控原理分为点位控制（PTP）和连续轨迹控制（CP）。

点位控制是点到点的定位控制，它既不控制点与点之间的运动轨迹，也不在此过程中进行加工或测量。如数控钻床、冲床、镗床、测量机和点焊工业机器人等。

连续轨迹控制又分为直线控制和轮廓控制。直线控制是指工作台相对工具以一定速度沿某个方向的直线运动（单轴或双轴联动），在此过程中要进行加工或测量。如数控镗铣床、大多数加工中心和弧焊工业机器人等。轮廓控制是控制两个或两个以上坐标轴移动的瞬时位置与速度，通过联动形成一个平面或空间的轮廓曲线或曲面。如数控铣床、车床、凸轮磨床、激光切割机和三坐标测量机等。

（2）速度控制

速度控制就是保证电机的转速与速度指令要求一致，通常采用此例—积分（PI）控制方式。对于动态响应、速度恢复能力要求特别高的系统，可采用变结构（滑模）控制方式或自适应控制方式。速度控制既可单独使用，也可与位置控制联合成为双回路控制，但主回路是位置控制，速度控制作为反馈校正，改善系统的动态性能，如各种数控机械的双回路伺服系统。

（3）转矩控制

转矩控制是通过外部模拟量的输入或直接地址的赋值来设定电动机轴对外输出转矩的大小。可以通过即时改变模拟量的设定来改变设定的转矩大小，也可通过通信方式改变对应地址的数值来实现。主要应用在对材质的受力有严格要求的缠绕和放卷的装置中，例如绕线装置或拉光纤设备，转矩的设定要根据缠绕半径的变化随时更改，以确保材质的受力不会随着缠绕半径的变化而改变。

3. 按控制方式分类

伺服系统根据控制原理，即有无检测反馈传感器及其检测部位，可分为开环、半闭环和闭环三种基本的控制方案。

（1）开环伺服系统

开环伺服系统没有速度及位置测量元件，伺服驱动元件为步进电动机或电液脉冲马达。控制系统发出的指令脉冲，经驱动电路放大后，送给步进电动机或电液脉冲马达，使其转动相应的步距角度，再经传动机构，最终转换成控制对象的移动。由此可以看出，控制对象的移动量与控制系统发出的脉冲数量成正比。

由于这种控制方式对传动机构或控制对象的运动情况不进行检测与反馈，输出量与输入量之间只有前向作用，没有反向联系，故称为开环伺服系统。

图 1-2 所示为开环系统原理框图，它主要由数控装置、驱动电路、执行元件和机床部件组成。常用的执行元件是步进电动机，如果功率很大，常用电液脉冲马达作为执行元件。

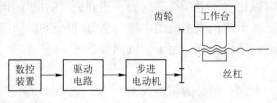

图 1-2　开环系统原理框图

显然开环伺服系统的定位精度完全依赖于步进电动机或电液脉冲马达的步距精度及传动机构的精度。与闭环伺服系统相比，由于开环伺服系统没有采取位移检测和校正误差的措施，对某些类型的数控机床，特别是大型精密数控机床，往往不能满足其定位精度的要求。此外，系统中使用的步进电动机、电液脉冲马达等部件还存在着温升高、噪声大、效率低、加减速性能差、在低频段有共振区、容易失步等缺点。尽管如此，因为这种伺服系统结构简单、容易掌握、调试及维修方便、造价低，所以在数控机床中仍有一定的应用。

（2）半闭环伺服系统

半闭环伺服系统不对控制对象的实际位置进行检测，而是用安装在伺服电动机轴端上的速度、角位移测量元件测量伺服电动机的转动，间接地测量控制对象的位移，角位移测量元件测出的位移量反馈回来，与输入指令比较，利用差值校正伺服电动机的转动位置。因此，半闭环伺服系统的实际控制量是伺服电动机的转角（角位移）。由于传动机构不在控制回路中，故这部分的精度完全由传动机构的传动精度来保证。

图 1-3 所示为半闭环伺服系统原理框图，角位移测量元件一般安装在数控机床的进给丝杠或电动机轴端，用测量丝杠或电动机轴旋转角位移来代替测量工作台直线位移。由于这种系统未将丝杠螺母副、齿轮传动副等传动装置包含在闭环反馈系统中，因而称为半闭环控制系统。

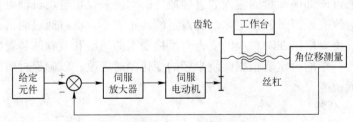

图 1-3　半闭环伺服系统原理框图

这种系统不能补偿位置闭环系统外的传动装置的传动误差，但可以获得较稳定的控制特性，其定位精度介于闭环伺服系统和开环伺服系统之间。由于惯性较大的控制对象在控制回路之外，故系统稳定性较好、调试较容易、角位移测量元件比线位移测量元件简单、价格低廉。

（3）闭环伺服系统

闭环伺服系统带有检测装置，可以直接对工作台的位移量进行检测。在闭环伺服系统中，速度、位移测量元件不断地检测控制对象的运动状态。如图 1-4 所示为闭环伺服系统原理框图，当控制系统发出指令后，伺服电动机转动，速度信号通过速度测量元件反馈到速度控制电路，被控对象的实际位移量通过位置测量元件反馈给位置比较电路，并与控制系统命令的位移量相比较，把两者的差值放大，命令伺服电动机带动控制对象作附加移动，如此反复直到测量值与指令值的差值为零为止。

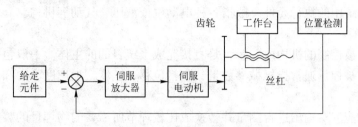

图 1-4　闭环伺服系统原理框图

闭环伺服系统与半闭环伺服系统相比，其反馈点取自输出量，避免了半闭环系统反馈信号取出点至输出量间各元件产生的误差。输出量与输入量之间既有前向作用，又有反向联系，所以称其为闭环控制或反馈控制。由于系统是利用输出量与输入量之间的差值进行控制的，故又称其为负反馈控制。

从理论上讲，闭环伺服系统的定位精度取决于测量元件的精度，但这并不意味着可降低对传动机构的精度要求。传动副间隙等非线性因素也会造成系统调试困难，严重时还会使系统的性能下降，甚至引起振荡。该类系统适用于对精度要求很高的数控机床，如超精车床、超精铣床等。

1.2　机电伺服系统的组成及特点

1.2.1　机电伺服系统的组成

机电伺服系统主要由伺服驱动装置和驱动元件（执行元件、伺服电动机）组成，高性能的伺服系统还有检测装置，反馈实际的输出状态。机电伺服系统的组成原理如图 1-5 所示，主要由控制器、被控对象、执行环节、检测环节、比较环节五部分组成。

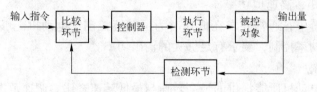

图 1-5　机电伺服系统组成原理框图

1. 比较环节

比较环节是将输入的指令信号与系统的反馈信号进行比较，以获得输出与输入间的偏差信号的环节，通常由专门的电路或计算机来实现。常用的比较元件有差动放大器、机械差动装置、电桥电路等。

2. 控制器

控制器通常是计算机或 PID 控制电路（比例、积分、微分电路）及放大电路，其主要任务是对比较元件输出的偏差信号进行变换处理和功率放大，以控制执行元件按要求动作。

3. 执行环节

执行环节的作用是按控制信号的要求，将输入的能量转化成机械能，驱动被控对象工作。机电伺服系统中的执行元件一般指各种电动机或液压、气动等机构。

4. 被控对象

被控对象指被控制的机构或装置，是直接完成系统目的的主体。一般包括传动系统、执行装置和负载。被控量通常指机械参数量，包括位移、速度、加速度、力和力矩等。

5. 检测环节

检测环节指能够对输出进行测量并转换成比较环节所需要的物理量的装置，一般包括传感器和转换电路。常见的测量元件有电位计、测速发电机、自整角机或旋转变压器等。

在实际的伺服控制系统中，上述的每个环节在硬件特征上并不独立，可能几个环节在一个硬件中，如测速直流发电机既是执行元件又是检测元件。

1.2.2 机电伺服系统的技术要求

理想的伺服控制系统的被控量和给定值任何时候都应该相等，完全没有误差，而且不受干扰的影响。因此，在设计伺服系统时应满足以下技术要求。

（1）稳定性好

稳定性是指动态过程的振荡倾向和系统重新恢复平衡工作状态的能力。处于静止或平衡工作状态的系统，当受到任何输入的激励，就可能偏离原平衡状态。当激励消失后，经过一段暂态过程以后，系统中的状态和输出都能恢复到原先的平衡状态，则系统是稳定的。

（2）精度高

伺服系统的精度是指输出量能复现输入量的精确程度，以误差的形式表现，可概括为动态误差、稳态误差和静态误差三个方面。

（3）响应快

响应速度是指伺服系统的跟踪精度，是动态品质的重要指标。响应速度与许多因素有关，如计算机的运行速度、运动系统的阻尼和质量等。

（4）低速大转矩，高速恒功率

在伺服控制系统中，通常要求在低速时为恒转矩控制，电动机能够提供较大的输出转矩；在高速时为恒功率控制，要求有足够大的输出功率。

（5）调速范围宽

调速范围是指电动机所能提供的最高转速与最低转速之比。调速范围是衡量系统变速能力的指标。

1.2.3 机电伺服系统的主要特点

1）精确的检测装置。可组成速度和位置闭环控制系统。

2）有多种反馈比较原理与方法。检测装置实现信息反馈的原理不同，伺服系统反馈比较的方法也不相同。目前常用的有脉冲比较、相位比较和幅值比较三种。

3）宽调速范围的速度调节系统。从系统的控制结构看，数控机床的位置闭环系统可以看作是位置调节为外环、速度调节为内环的双闭环自动控制系统，其内部的实际工作过程是把位置控制输入转换成相应的速度给定信号后，再通过调速系统驱动伺服电动机，实现实际位移。数控机床的主轴运动要求调速性能也比较高，因此要求伺服系统为高性能的宽调速系统。

4）高性能伺服电动机。用于高效和复杂型面加工的数控机床，由于伺服系统经常处于频繁地起动和制动过程中，因此要求电动机的输出转矩与转动惯量的比值要大，以产生足够大的加速或制动转矩。电动机应具有耐受 $4000 \ rad/s^2$ 以上角加速度的能力，才能保证其在 $0.2 s$ 以内从静止起动到额定转速。要求伺服电动机在低速时有足够大的输出转矩且运转平稳，以便在与机械运动部分连接中尽量减少中间环节。

1.3 机电伺服技术的发展

1.3.1 机电伺服技术的发展阶段

伺服系统的发展经历了由液压到电气的过程，电气伺服系统的发展则与伺服电动机的不同发展阶段具有紧密的联系。伺服电动机至今已有 50 多年的发展历史，经历了三个主要发展阶段。

1）以步进电动机驱动的液压伺服马达或以功率步进电动机直接驱动为中心的时代。此阶段（20 世纪 60 年代以前）伺服系统的位置控制多为开环系统，这一时期是液压伺服系统的全盛期。液压伺服系统能够传递巨大的转矩、控制简单、可靠性高，在整个速度范围内保持恒定的转矩输出，主要应用在重型设备和一些关键场合，比如机场设备。但它也存在一些缺点，例如发热大、效率低、易污染环境、不易维修等。

2）直流伺服电动机的诞生和全盛发展的时代。此阶段（20 世纪 60 ~ 70 年代）的直流电动机具有优良的调速性能，很多高性能驱动装置采用了直流电动机，伺服系统的位置控制也由开环系统发展成为闭环系统。但是，直流伺服电动机存在机械结构复杂、维护工作量大等缺点，在运行过程中转子容易发热，影响了与其连接的其他机械设备的精度，难以应用到高速及大容量的场合，换向器成为直流伺服驱动技术发展的瓶颈。由于人们通过材料和工艺的改进来尽量提高直流伺服的生命力，因此直流伺服电动机仍将在相当长的时间内得到应用，只是市场份额预计会持续下降。

3）机电一体化时代。此阶段（20 世纪 80 年代至今）是以机电一体化时代作为背景的。由于伺服电动机结构及永磁材料、半导体功率器件技术、控制技术的突破性进展，出现了无刷直流伺服电动机（方波驱动）、交流伺服电动机（正弦波驱动）、矢量控制的感应电动机和开关磁阻电动机等新型电动机。交流伺服电动机克服了直流伺服电动机存在的电刷、换向器等机械部件所带来的各种缺点，且过载能力强、转动惯量低，体现出了交流伺服系统的优越性。伺服驱动装置经历了模拟式、数字模拟混合式、全数字化的发展。伺服系统控制器的实现方式，在数字控制中也在由硬件方式向着软件方式发展；在软件方式中也是从伺服系统的外环向内环、进而向接近电动机环路的更深层发展。

1.3.2 机电伺服技术的发展趋势

随着控制理论的发展及智能控制的兴起和不断成熟，以及计算机技术、微电子技术的迅猛发展，使基于智能控制理论的先进控制策略和基于传统控制理论的传统控制策略完美结合，为伺服系统的实际应用奠定了坚实的基础。总的来说，机电伺服技术的发展趋势可以概括为以下几个方面。

（1）交流化

伺服技术的发展将继续快速地推进直流伺服系统向交流伺服系统的转型。从目前国际市场的情况看，几乎所有的新产品都是交流伺服系统。在工业发达国家，交流伺服电动机的市场占有率已经超过80%。在国内生产交流伺服电动机的厂家也越来越多，正在逐步地超过生产直流伺服电动机的厂家。可以预见，在不远的将来，除了某些微型电动机领域，交流伺服电动机将完全取代直流伺服电动机。

（2）全数字化

采用新型高速微处理器和专用DSP的伺服控制单元将全面代替以模拟电子器件为主的伺服控制单元，从而实现完全数字化的伺服系统。全数字化是未来伺服驱动技术发展的必然趋势。全数字化不仅包括伺服驱动内部控制的数字化和伺服驱动到数控系统接口的数字化，而且包括测量单元的数字化。因此伺服驱动单元位置环、速度环、电流环的全数字化，现场总线连接接口、编码器到伺服驱动的数字化连接接口，是全数字化的重要标志。

全数字化的实现，将原有的硬件伺服控制变成了软件伺服控制，从而使在伺服系统中应用现代控制理论的先进算法（如速度前馈、加速度前馈、最优控制、人工智能、模糊控制、神经元网络等）成为可能，同时还大大简化了硬件，降低了成本，提高了系统的控制精度和可靠性。

（3）多功能化

最新数字化的伺服控制系统具有越来越丰富的功能：首先，具有参数记忆功能，系统的所有运行参数都可以通过人机对话的方式由软件来设置，保存在伺服单元内部，甚至可以在运行途中由上位计算机加以修改，应用十分方便；其次，能提供十分丰富的故障自诊断、保护、显示与分析功能。无论什么时候，只要系统出现故障，就会将故障的类型以及可能引起故障的原因，通过用户界面清楚地显示出来。

除此之外，有的伺服系统还具有参数自整定的功能，可以通过学习得到伺服系统的各项参数；还有一些高性能伺服系统具有振动抑制功能。例如当伺服电动机用于驱动机器人手臂时，由于被控对象的刚度较小，有时手臂会产生持续振动，通过采用振动控制技术，可有效缩短定位时间，提高位置控制精度。

（4）高性能化

伺服控制系统的功率器件越来越多地采用金属氧化物半导体场效应晶体管（MOSFET）和绝缘栅双极型晶体管（IGBT）等高速功率半导体器件。这些先进器件的应用，显著降低了伺服系统逆变电路的功耗，提高了系统的响应速度和平稳性，降低了运行噪声。

采用直接驱动技术是提高伺服系统性能的重要方法之一。直接驱动系统包括大推力直线伺服驱动系统、大转矩直接驱动伺服系统。与传统的"电动机+减速器"传动方式相比，直接驱动技术的最大特点是取消了电动机到移动/转动工作台之间的所有机械传动环节，实现了电动机与负载的刚性耦合。

采用先进的补偿技术，可以有效地提高转矩的控制精度，提高伺服系统的调速范围。高性能控制策略广泛应用于交流伺服系统，通过改变传统的PI调节器设计，将现代控制理论、人工智能、模糊控制、滑模控制等新成果应用于交流伺服系统中，可以弥补交流伺服系统控制品质低、鲁棒性差等缺陷和不足。

（5）小型化和集成化

新的伺服系统产品改变了将伺服系统划分为速度伺服单元和位置伺服单元两个模块的做法，取而代之的是单一的、高度集成化的、多功能的控制单元。同一个控制单元，只要通过软件设置系统参数，就可以改变其性能，既可以使用电动机本身配置的传感器构成半闭环调节系统，也可以通过接口与外部的位置或转速传感器构成高精度的全闭环调节系统。高度的集成化还显著地缩小了整个控制系统的体积，使得伺服系统的安装与调试工作都得到了简化。

控制处理功能的软件化，微处理器及大规模集成电路（LSIC）的多功能化、高度集成化，促进了伺服系统控制电路的小型化。通过采用表面贴装元器件和多层印制电路板（PCB）也大大减小了控制电路板的体积。另外，通过采用把未封装的 IC 芯片直接安置于印制电路板的技术（Chip On Board，COB），可以实现微处理器和模拟 IC 周边电路的高密度安装，有效地实现了控制电路的小型化。

新型的伺服控制系统已经开始使用智能功率模块（Intelligent Power Modules，IPM），IPM 将输入隔离、能耗制动、过温、过电压、过电流保护及故障诊断等功能全部集成于一个模块中。IPM 的输入逻辑电平与 TTL 信号完全兼容，与微处理器的输出可以直接接口。它的应用显著地简化了伺服单元的设计，并实现了伺服系统的小型化和微型化。

（6）模块化和网络化

为适应以工业局域网技术为基础的工厂自动化发展需要，最新的伺服系统都配置了标准的串行通信接口（如 RS - 232、RS - 422 等）和专用的局域网接口。这些接口的设置，显著地增强了伺服单元与其他控制设备间的互联能力，从而简化了与 CNC 系统的连接，只需要一根电缆或光缆，就可以将数台，甚至数十台伺服单元与上位计算机连接成一个数控系统，也可以通过串行接口，与可编程序控制器（PLC）的数控模块相连。

（7）低成本化

采用新型控制技术实现无位置传感器运行，即设计有效的观测器，通过电动机电压和电流的检测获得电动机转角信息，以取代价格较高的位置传感器及信号解调电路。采用信号重构技术，通过检测直流母线电流获取电动机相电流信息，减少电流传感器的数量，降低成本。通过采用专用微处理器及智能功率电路，提高控制器的集成度，简化控制电路，提高系统的可靠性。通过合理的设计及加工工艺，将伺服控制器与永磁交流伺服电动机加工成为一个整体，使整个伺服系统体积小，应用简便。

1.4　本章小结

机电伺服系统用来控制被控对象的某种状态，使其能够自动地、连续地、精确地复现输入信号的变化规律。本章主要介绍了机电伺服系统的基本概念及分类，系统的结构组成及特点和伺服技术发展的过程及趋势。

伺服系统可以按照驱动方式、功能特征和控制方式等划分为不同类型。按驱动方式的不同可分为电气伺服系统、液压伺服系统和气动伺服系统三种，其中，电气伺服系统根据电气信号可分为直流伺服系统和交流伺服系统两大类；按照功能的不同可分为位置伺服系统、速度伺服系统和加速度伺服系统等；根据控制原理，又可分为开环伺服系统、半闭环伺服系统和闭环伺服系统三种类型。

伺服系统主要由伺服驱动装置和驱动元件组成，高性能的伺服系统还有检测装置，反馈实际的输出状态。伺服系统的发展经历了由液压伺服系统到电气伺服系统的过程，随着控制理论的发展及智能控制的兴起和不断成熟以及计算机技术、微电子技术的迅猛发展，为伺服系统向交流化、全数字化、多功能化、高性能化、模块化和网络化和低成本化方向发展奠定了坚实的基础。

1.5 测试题

一、选择题

1. 交、直流伺服电动机和普通交、直流电动机的（　　）。
    A. 工作原理及结构完全相同　　　　B. 工作原理相同，但结构不同
    C. 工作原理不同，但结构相同　　　　D. 工作原理及结构完全不同

2. 闭环系统比开环系统及半闭环系统（　　）。
    A. 稳定性好　　　　B. 故障率低　　　　C. 精度低　　　　D. 精度高。

3. 闭环控制的数控机床，其反馈装置一般安装在（　　）上。
    A. 电动机轴　　　　　　　　　　　　B. 伺服放大器
    C. 传动丝杠　　　　　　　　　　　　D. 机床工作台

4. 位置检测元件是位置控制闭环系统的重要组成部分，是保证数控机床（　　）的关键。
    A. 精度　　　　　B. 稳定性　　　　C. 效率　　　　D. 速度

5. 对于一个设计合理，制造良好的带位置闭环控制系统的数控机床，可达到的精度主要由（　　）决定。
    A. 机床机械结构的精度　　　　　　　B. 检测元件的精度
    C. 计算机的运算速度　　　　　　　　D. 驱动装置的精度

6. 半闭环系统的反馈装置一般装在（　　）上。
    A. 导轨　　　　B. 伺服电动机　　　　C. 工作台　　　　D. 刀架

7. 转矩控制是通过（　　）来设定电动机轴对外的输出转矩的大小。
    A. 数字信号　　　　　　　　　　　　B. 外部模拟量的输入
    C. 控制命令　　　　　　　　　　　　D. 地址

8. 电气伺服系统的发展与伺服电动机的不同发展阶段具有紧密的联系，目前处于（　　）阶级。
    A. 直流伺服电动机驱动　　　　　　　B. 机电一体化
    C. 步进电动机驱动

9. 在开环系统中，影响重复定位精度的有（　　）。
    A. 丝杠副的接触变形　　　　　　　　B. 丝杠副的热变形
    C. 丝杠副的配合间隙

10. 数控机床伺服系统是以（　　）为直接控制目标的自动控制系统。

A. 机械运动速度　　　　　　　　B. 机械位移
C. 切削力　　　　　　　　　　　D. 切削速度

二、填空题

1. 伺服系统根据控制原理，即有无检测反馈传感器及其检测部位，可分为_____、_____和_____三种基本的控制方案。

2. 速度控制是保证电动机的转速与速度指令要求一致，通常采用_____控制方式。

3. 伺服系统主要由_____、_____、_____、_____和_____等五部分组成。

4. 在设计伺服系统时，应满足_____、_____、_____、_____和_____等技术要求。

5. 随着控制理论的发展及智能控制的兴起和不断成熟，机电伺服技术朝着_____、_____、_____、_____、_____模块化和网络化等方向发展。

三、判断题

1. 伺服系统能够自动地、连续地、精确地复现输入信号的变化规律。（　　）

2. 直流伺服系统适用的功率范围很宽，包括从几十瓦到几十千瓦的控制对象。（　　）

3. 数控机床伺服系统将数控装置输出的脉冲信号转换成机床移动部件的运动。（　　）

4. 小惯量伺服电动机一般都设计成具有较低的额定转速和较低的惯量，所以应用时不需要经过中间机械传动就能与丝杠相连接。（　　）

5. 数控机床的伺服系统由伺服驱动和伺服执行两部分组成。（　　）

6. 开环伺服系统的定位精度完全依赖于步进电动机或电液脉冲马达的步距精度及传动机构的精度。（　　）

7. 交流伺服电动机转子惯量较直流电动机小，动态响应好。（　　）

8. 转矩控制可以通过即时改变模拟量的设定来改变设定的转矩大小，也可通过通信方式改变对应的地址的数值来实现。（　　）

9. 闭环系统比开环系统具有更高的稳定性。（　　）

10. 小惯量伺服电动机最大限度地减少了电枢的转动惯量，所以能获得最好的快速性。（　　）

四、简答题

1. 什么是机电伺服系统？其发展经历了哪些阶段？

2. 电气伺服系统根据电气信号可分为哪几类？各有什么特点？

3. 高性能的机电伺服系统由哪些环节组成？各有什么功能？

4. 伺服系统按照功能的不同可分为哪几类？各有什么特点？

5. 伺服系统按照控制原理的不同可分为哪几类？各有什么特点？

6. 机电伺服系统的发展趋势是什么？

第2章 直流伺服控制系统

【导学】

📖 你知道最早出现的伺服系统是什么类型吗？有什么主要特点和应用价值？

最早的伺服系统是用直流伺服电动机作为执行元件的伺服系统，称为直流伺服系统。直流伺服系统的主要优点是控制特性优良，能在很宽的范围内平滑调速、调速比大、起动制动性能好、定位精度高。伺服系统的发展经历了由液压到电气的过程，20世纪50年代，无刷电动机在计算机外围设备和机械设备上获得了广泛的应用。尽管直流伺服电动机也具有结构复杂、成本较高、维护困难、单机容量和转速都受到限制等缺点，在20世纪70年代则是直流伺服电动机的应用最为广泛的时代。

本章主要介绍直流伺服系统的工作原理，直流调速系统的调速原理、系统类型和主要应用。

【学习目标】

1）掌握直流伺服系统的组成和特点。
2）理解直流伺服电动机的工作原理和主要特性。
3）掌握直流伺服电动机的类型及应用。
4）掌握直流伺服电动机调速系统组成及调速方式。
5）理解单闭环、双闭环直流调速系统的特性及应用。
6）熟悉晶闸管直流调速系统的结构组成及工作特性。
7）理解PWM变换器调速原理及类型。
8）掌握PWM直流调速系统的主要特性和应用场合。

2.1 直流伺服电动机

直流伺服电动机具有优良的调速特性，较大的起动转矩和良好的起、制动性能，易于控制及响应快等优点，可很方便地在宽范围内实现平滑无级调速，故多应用于对调速性能要求较高的生产设备中。

2.1.1 直流伺服电动机工作原理

直流伺服电动机在结构上主要由定子、转子、电刷及换向片等组成，如图2-1所示。

（1）定子

定子磁极磁场由定子的磁极产生。根据产生磁场的

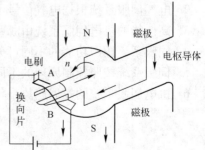

图2-1 直流伺服电动机基本结构

方式，可分为永磁式和他励式。永磁式磁极由永磁材料制成，他励式磁极由冲压硅钢片叠压而成，外绕线圈，通以直流电流便产生恒定磁场。

（2）转子

转子又叫作电枢，由硅钢片叠压而成，表面嵌有线圈，通以直流电时，在定子磁场作用下产生带动负载旋转的电磁转矩。

（3）电刷与换向片

为使所产生的电磁转矩保持恒定方向，转子能沿固定方向均匀地连续旋转，电刷与外加直流电源相接，换向片与电枢导体相接。

直流伺服电动机与一般直流电动机的基本原理是完全相同的，如图2-2所示。在定子磁场的作用下，通直流电的电枢（转子）受电磁转矩的驱使，带动负载旋转，电动机旋转方向和速度由电枢绕组中电流的方向和大小决定。当电枢绕组电流为零时，电动机静止不动。

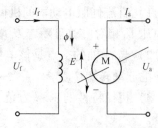

图2-2 直流伺服电动机工作原理

电动机转子上的载流导体（即电枢绕组）在定子磁场中，受到电磁转矩的作用，使电动机转子旋转，其转速为

$$\omega = \frac{U_a - I_a R_a}{C_e \Phi} \tag{2-1}$$

式中　ω——电动机转速（rad/s）；

　　　U_a——电枢电压（V）；

　　　I_a——电枢电流（A）；

　　　R_a——电枢回路总电阻（Ω）；

　　　ϕ——励磁磁通（Wb）；

　　　C_e——由电动机结构决定的电动势常数。

由式（2-1）可见，可通过改变电枢电压U_a或改变每极磁通ϕ来控制直流伺服电动机的转速，前者称为电枢电压控制，后者称为励磁磁场控制。由于电枢电压控制具有机械特性和调节特性的线性度好、输入损耗小、控制回路电感小且响应速度快等优点，所以直流伺服系统多采用电枢电压控制。

2.1.2　直流伺服电动机主要特性

1. 运行特性

电动机稳态运行时，回路中电流保持不变，电枢电流切割磁力线所产生的电磁转矩T_m为

$$T_m = C_m \Phi I_a \tag{2-2}$$

式中　C_m——转矩常数，仅与电动机结构有关。

由式（2-2）代入式（2-1），则直流伺服电动机运行特性表达式

$$\omega = \frac{U_a}{C_e \Phi} - \frac{R_a}{C_e C_m \Phi^2} T_m \tag{2-3}$$

（1）机械特性

当直流伺服电动机的电枢控制电压U_a和激励磁场强度ϕ均保持不变，则角速度ω可看

作是电磁转矩 T_m 的函数，即 $\omega = f(T_m)$，该特性称为直流伺服电动机的机械特性，表达式为

$$\omega = \omega_0 - \frac{R_a}{C_e C_m} T_m \qquad (2-4)$$

$$\omega_0 = \frac{U_a}{C_e \Phi}$$

根据式（2-4），给定不同的 T_m 值，可绘出直流伺服电动机的机械特性曲线，如图 2-3 所示。

由图 2-3 可知：

1）直流伺服电动机的机械特性曲线是一组斜率相同的直线簇，每条机械特性和一种电枢电压 U_a 相对应，且随着 U_a 增大，平行地向转速和转矩增加的方向移动。

2）与 ω 轴的交点是该电枢电压下的理想空载角速度 ω_0，与 T_m 轴的交点则是该电枢电压下的起动转矩 T_d。

3）机械特性的斜率为负，说明在电枢电压不变时，电动机转速随负载转矩增加而降低。

4）机械特性的线性度越高，系统的动态误差越小。

（2）调节特性

当直流伺服电动机的电激励磁场强度 Φ 和电磁转矩 T_m 均保持不变，则角速度 ω 可看作是电枢控制电压 U_a 的函数，即 $\omega = f(U_a)$，该特性称为直流伺服电动机的调节特性，表达式为

$$\omega = \frac{U_a}{C_e \Phi} - k T_m$$

$$k = \frac{R_a}{C_e C_m \Phi^2} \qquad (2-5)$$

根据式（2-5），给定不同的 T_m 值，可绘出直流伺服电动机的调节特性曲线，如图 2-4 所示。

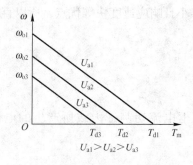

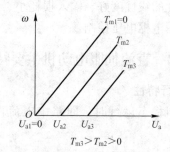

图 2-3　直流伺服电动机的机械特性　　　　图 2-4　直流伺服电动机的调节特性

由图 2-4 可知：

1）直流伺服电动机的调节特性曲线是一组斜率相同的直线簇，每条调节特性和一种电磁转矩 T_m 相对应，且随着 T_m 增大，平行地向电枢电压增加的方向移动。

2）与 U_a 轴的交点表示在一定的负载转矩下，电动机起动时的电枢电压，且随负载的增大而增大。

3）调节特性的斜率为正，说明在一定负载下，电动机转速随电枢电压的增加而增加。

4）调节特性的线性度越高，系统的动态误差越小。

2. 工作特性

直流伺服电动机的工作特性是指电动机的输入功率、输出功率、效率、转速、电枢电流与输出转矩的关系。图 2-5 所示为电磁式直流伺服电动机工作特性，图 2-6 所示为永磁式直流伺服电动机工作特性。

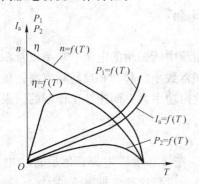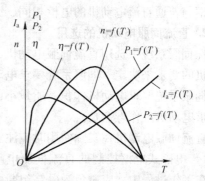

图 2-5　电磁式直流伺服电动机工作特性　　　图 2-6　永磁式直流伺服电动机工作特性

　　P_1—输入功率；P_2—输出功率；η—效率；　　　　P_1—输入功率；P_2—输出功率；η—效率；

　　n—转速；I_a—电枢电流；T—输出转矩　　　　　　n—转速；I_a—电枢电流；T—输出转矩

3. 主要参数

（1）空载起动电压 U_{s0}

空载起动电压 U_{s0} 是指直流伺服电动机在空载和一定激励条件下使转子在任意位置开始连续旋转所需的最小控制电压。U_{s0} 一般为额定电压的 2% ~ 12%，U_{s0} 越小，表示伺服电动机的灵敏度越高。

（2）机电时间常数 τ_j

机电时间常数 τ_j 是指直流伺服电动机在空载和一定激励条件下加以阶跃的额定控制电压，转速从零升至空载转速的 63.2% 所需的时间。由于电气时间常数非常小，因此往往只考虑机械时间常数，一般机电时间常数 $\tau_j \leqslant 0.03\,\mathrm{s}$，$\tau_j$ 越小，系统的快速性越好。

2.1.3　直流伺服电动机类型及选用

1. 直流伺服电动机的类型

直流伺服电动机的分类可按励磁方式、转子转动惯量的大小和电枢的结构与形状等分成多种类型。

（1）按励磁方式分类

直流伺服电动机按励磁方式可分为电磁式和永磁式两种。电磁式直流伺服电动机是一种普遍使用的伺服电动机，特别是大功率电动机（100 W 以上）。永磁式伺服电动机具有体积小、转矩大、力矩和电流成正比、伺服性能好、响应快、功率体积比大、功率重量比大、稳定性好等优点。由于功率的限制，目前主要应用在办公自动化、家用电器、仪器仪表等领域。

（2）按转子转动惯量的大小分类

直流伺服电动机按转子转动惯量的大小可分成大惯量、中惯量和小惯量三种。大惯量直流伺服电动机（又称直流力矩伺服电动机）负载能力强，易于与机械系统匹配。而小惯量直流伺服电动机的加减速能力强、响应速度快、动态特性好。

（3）按电枢的结构与形状分类

直流伺服电动机按电枢的结构与形状又可分为平滑电枢型、空心电枢型和有槽电枢型等类型。平滑电枢型的电枢无槽，其绕组用环氧树脂粘固在电枢铁心上，因而转子形状细长，转动惯量小。空心电枢型的电枢无铁心，且常做成杯形，其转子转动惯量最小。有槽电枢型的电枢与普通直流电动机的电枢相同，因而转子转动惯量较大。

2. 直流伺服电动机的选用

在伺服系统中选用直流伺服电动机，主要应根据系统中所采用的电源、功率以及系统对电动机的要求来决定。伺服系统要求电动机的机电时间常数小、起动和反转频率高；短时工作制伺服系统要求电动机体积、质量小，堵转转矩和输出功率大；而连续工作制的伺服系统则要求电动机工作寿命长。

直流伺服电动机在实际使用时应注意以下两点：

1）电磁式电枢控制的直流伺服电动机在使用时，先接通激磁电源，然后再加电枢电压。在工作过程中，应避免激磁绕组断电，以免造成电动机超速和电枢电流过大。

2）在用晶闸管整流电源时，最好采用三相全波桥式整流电路，在选用其他形式的整流电路时，应有适当的滤波装置。否则，直流伺服电动机只能在降低容量情况下使用。

2.2 直流伺服电动机调速系统

调速是指在某一具体负载情况下，通过改变电动机或电源参数的方法，使机械特性曲线得以改变，从而使电动机转速发生变化或保持不变。由于直流电动机具有良好的起/制动性能，而且可以在较大范围内平滑地调速。因此，在轧钢设备、矿井升降设备、挖掘钻探设备、金属切削设备、造纸设备、电梯等需要高性能可控制电力拖动的场合得到了广泛的应用。

近年来，随着计算机控制技术和电力电子技术的发展，也推动了交流伺服技术的迅猛发展，有代替直流伺服系统的趋势。然而，直流伺服系统在理论和实践等方面发展比较成熟，从控制角度考虑，它又是交流伺服系统的基础，故应学好直流伺服系统。

从生产设备的控制对象来看，电力拖动控制系统有调速系统、位置伺服系统、张力控制系统等多种类型，而各种系统基本上都是通过控制转速（实质上是控制电动机的转矩）来实现的。因此，直流调速系统是最基本的拖动控制系统。

2.2.1 单闭环调速系统

直流伺服电动机由于调速性能好，起动、制动和过载转矩大、便于控制等特点，是许多大容量高性能要求的生产机械的理想的电动机。尽管近年来，交流电动机的控制系统不断普及，但直流电动机仍然在一些场合得到广泛应用。

开环调速系统可实现一定范围的无级调速，而且开环调速系统的结构简单。但在实际中许多要求无级调速的工作机械常要求较高的调速性能指标。开环调速系统往往不能满足高性能工作机械对性能指标的要求。根据反馈控制原理，要稳定哪个参数，就引入哪个参数的负反馈，与恒值给定相比较，构成闭环系统，因此必须引入转速负反馈，构成闭环调速系统。

1. 系统的组成及工作原理

根据自动控制原理，为满足调速系统的性能指标，在开环系统的基础上引入反馈，构成单闭环有静差调速系统，采用不同物理量的反馈便形成不同的单闭环系统，在此以引入速度负反馈为例，构成转速负反馈直流调速系统。

在电动机轴上安装一台测速发电机 TG，引出与转速成正比的电压信号 U_{fn}，以此作为反馈信号与给定电压信号 U_n 比较，所得差值电压 ΔU_n，经放大器产生控制电压 U_{ct}，用以控制电动机转速，从而构成了转速负反馈调速系统，其控制原理图如图 2-7 所示。

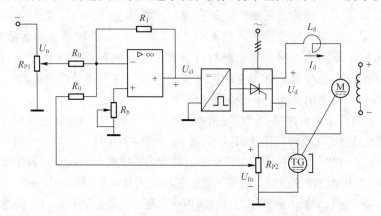

图 2-7 转速负反馈调速系统

给定电位器 R_{P1} 一般由稳压电源供电，以保证转速给定信号的精度。R_{P2} 为调节反馈系数而设置，测速发电机输出电压 U_{tg} 与电动机 M 的转速成正比，即

$$U_{tg} = C_n \cdot n \tag{2-6}$$

式中　C_n——直流永磁式发电机的电势常数。

$$U_{fn} = K_f U_{tg} = an \tag{2-7}$$

式中　K_f——电位器的 R_{P2} 分压系数。

　　α——转速反馈系数，$a = K_f \cdot C_n$。

U_{fn} 与 U_f 极性相反，以满足负反馈关系。

2. 系统特性

（1）静态特性

闭环系统的静态特性比开环系统的机械特性的硬度大大提高；对于相同理想空载转速的开环和闭环两种特性，闭环系统的静差率要小得多；由于闭环系统静态特性的静差率小，所以当要求的静差率指标一定时，闭环系统可以大大提高调速范围。但是要取得上述优点，闭环系统必须设置放大器。

单闭环有静差调速系统，静态特性较硬，在一定静差率要求下调速范围宽，而且系统具有良好的抗干扰性能。但该系统存在两个问题，一是系统的静态精度和动态稳定性的矛盾，二是起动时冲击电流太大。

（2）动态特性

在单闭环调速系统中，引入转速负反馈且有了足够大放大系数 K 后，就可以满足系统的静态特性硬度要求。由自动控制理论可知，系统开环放大系数太大时，可能会引起闭环系统的不稳定，须采取校正措施才能使系统正常工作。因此由系统稳态误差要求所计算的 K 值还必须按系统稳定性条件进行校核。

为兼顾静态和动态两种特性，一般采用比例 - 积分（PI）调节器进行调节，在系统由动态到静态的过程中，PI 调节器相当于自动改变放大倍数的放大器，动态时小，静态时大，从而解决了动态稳定性、快速性和静态精度之间的矛盾。

2.2.2 双闭环调速系统

通过前面分析可知，转速负反馈单闭环直流调速系统是一种以存在偏差为前提并依据偏差对系统进行调节的系统，这种系统虽然可以用 PI 调节器来实现系统的无静差调速，但同时也给系统的带来了不利的影响，如动态响应中的上升时间和调节时间变长等问题。因此，这种单闭环调速系统不能在充分利用电动机过载能力的条件下获得最快速的动态响应，对扰动的抑制能力较差，其应用受到了一定的限制。

在实际的生产过程中，有许多生产机械很大一部分时间是工作在过渡过程中，即它们被要求频繁地起动，或总是处于正反转切换状态（如龙门刨床的主传动），若能缩短起、制动时间，便能大大提高生产率。因此充分利用直流电动机的过载能力，使在起、制动过程中始终保持最大电流（即最大转矩），电动机便能以最大的角加速度起动。当转速达到稳态转速后，又让电流（转矩）立即下降，最后使电动机电磁转矩与负载转矩相平衡、以稳定转速运行。为达到此目的，把电流负反馈和转速负反馈分别施加到两个调节器上形成转速、电流双闭环调速系统。

1. 系统组成及工作原理

为了实现转速和电流两种负反馈分别起作用，在系统中设置了两个调节器，分别调节转速和电流，两者之间实行串级连接。转速负反馈的闭环在外面称外环，电流负反馈的闭环在里面，称为内环。其原理图如图 2-8 所示。

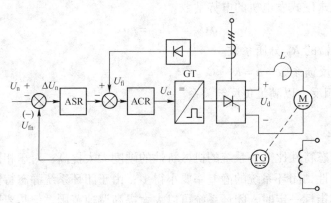

图 2-8　双闭环调速系统原理图

图 2-8 中，ASR 为速度调节器，ACR 为电流调节器，两调节器作用互相配合，相辅相成。为了使转速、电流双闭环调速系统具有良好的静、动态性能。电流、转速两个调节器一般采用 PI 调节器，且均采用负反馈。考虑触发装置的控制电压为正电压，运算放大器又具有倒向作用。图中标出了相应信号的实际极性。

速度调节器与电流调节器串联，通常都采用 PI 控制。双闭环系统采用 PI 调节器，则其稳态时输入偏差信号一定为零，即给定信号与反馈信号的差值为零，属无静差调节。

（1）电流调节环

电流环为由 ACR 和电流负反馈组成的闭环，它的主要作用是稳定电流。设电流环的给定信号是速度调节器的输出信号 U_i，电流环的反馈信号采自交流电流互感器及整流电路或霍尔电流传感器，其值为

$$U_{fi} = \beta I_d \tag{2-8}$$

式中　β——电流反馈系数。

则

$$\Delta U_i = U_i - U_{fi} = 0 \tag{2-9}$$

故

$$I_d = \frac{U_i}{\beta} \tag{2-10}$$

在 U_i 一定的条件下，在电流调节器的作用下，输出电流保持不变，而由电网电压波动引起电流波动将被有效抑制。此外，由于限幅的作用，速度调节器的最大输出只能是限幅值 $-U_{im}$，调整反馈环节的反馈系数 β，可使电动机的最大电流对应的反馈信号等于输入限幅值，即

$$U_{fm} = \beta I_{dm} = U_{im} \tag{2-11}$$

I_{dm} 取值应考虑电动机允许过载能力和系统允许最大加速度，一般为额定电流的 1.5~2 倍。

（2）速度调节环

速度环是由 ASR 和转速负反馈组成的闭环，它的主要作用是保持转速稳定，并最后消除转速静差。速度环给定信号 U_n，反馈信号 $U_{fn} = \alpha n$，则稳态时，$\Delta U_n = U_n - U_{fn} = 0$，则

$$U_n = U_{fn} = \alpha n \tag{2-12}$$

即

$$\alpha = \frac{U_n}{n} \tag{2-13}$$

式中　α——速度反馈系数。

其物理意义：当 U_n 为一定的情况下，由于速度调节器 ASR 的调节作用，转速 n 将稳定在 U_n/α 的数值上。

ASR 调节器的给定输入由稳压电源提供，其幅值不可能太大，一般在十几伏以下，当给定为最大值 U_{nmax} 时，电动机应达到最高转速，一般为电动机的额定转速 n_{nom}，则

$$\alpha = \frac{U_{nmax}}{n_{nom}} \tag{2-14}$$

ACR 调节器输出给触发装置的控制电压为

$$U_{ct} = \frac{U_{d0}}{K_S} = \frac{C_e n + I_d R}{K_S} = \frac{C_e \dfrac{U_n}{\alpha} + I_d R}{K_S} \tag{2-15}$$

由式（2-15）可知，当 U_n 为定值时，由 ASR 调节器可使电动机转速恒定。

2. 系统特性

（1）静态特性

双闭环调速系统的静特性如图 2-9 所示。在 $n_0 A$ 段，负载电流 $I_d < I_{dm}$ 时，而 I_{dm} 一般都

是大于额定电流 I_{dnom} 的。由于转速调节器不饱和，表现为转速无静差，这时，转速负反馈起主要调节作用，这就是静态特性的运行段。当转速调节器饱和时，负载电流 I_d 达到 I_{dm}，对应图中 AB 段，转速外环呈开环状态，转速的变化对系统不再产生影响，电流调节器起主要调节作用，双闭环系统变成一个电流无静差的单闭环系统。

（2）动态特性

一般来说，双闭环调速系统具有比较满意的动态性能。

1）动态跟随性能。

由于直流伺服电动机在起动过程中转速调节器 ASR 经历了不饱和、饱和、退饱和三种情况，整个动态过程就分成图 2-10 中标明的 I、II、III 三个阶段。

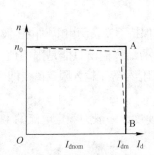

图 2-9　双闭环调速系统的静态特性

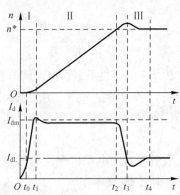

图 2-10　双闭环调速系统启动过程

第 I 阶段——电流上升阶段。突加给定电压后，I_d 上升，当 $I_d < I_{dL}$ 时，电动机还不能转动。当 $I_d \geqslant I_{dL}$ 后，电动机开始起动，由于惯性作用，转速不会很快增长，因而转速调节器 ASR 的输入偏差电压的数值较大，ASR 很快饱和，其输出限幅值 U_{im}，强迫电流 I_d 迅速上升。当 $I_d = I_{dm}$ 时，由于电流调节器的作用使 I_d 不再迅猛增长。在这一阶段中转速调节器由不饱和很快达到饱和，而电流调节器不饱和。

第 II 阶段——恒流升速阶段。在这个阶段中，ASR 始终是饱和的，转速环相当于开环，系统表现为恒值电流给定 U_{im} 作用下的电流调节系统。基本上保持电流 $I_d \approx I_{dm}$ 恒定，因而传动系统的加速度恒定，转速呈线性增长。与此同时，电动机的反电动势 E 也按线性增长。可以看出，此阶段是起动过程中的主要阶段。

第 III 阶段——转速调节阶段。在这个阶段开始时，转速已经达到给定值。ASR 的给定与反馈电压相平衡，输入偏差电压为零，但其输出却由于积分作用还维持在限幅值 U_{im}。所以电动机仍在最大电流下加速，使转速超调。转速超调后，ASR 输入端出现负的偏差电压，使转速调节器退出饱和状态。ASR 的输出电压 U_i 和主电流 I_d 很快下降。但是，只要 I_d 大于负载电流 I_{dL}，转速就继续上升。在这最后的转速调节阶段内，ASR 和 ACR 都不饱和，ASR 起主导的转速调节作用，而 ACR 则力图使 I_d 尽快地跟随其给定值 U_i，或者说，电流内环是一个电流伺服系统。

由上述可以看出，双闭环直流调速系统在起动和升速过程中，能够在最大转矩下，表现出很快的动态转速跟随性能。在减速和制动过程中，由于主电路电流的不可逆性，跟随性能变差。

2）动态抗扰性能。

电网电压有扰动时，由于电网电压扰动被包围在电流环之内，可以通过电流反馈得到及时的调节，不必像单闭环调速系统那样，等到影响到转速后才在系统中有所反应。因此，双闭环调速系统中，由电网电压波动引起的动态速降会比单闭环系统中小得多，对内环扰动调节起来更及时些。

若有负载扰动作用在电流环之后，只能靠转速调节来产生抗扰动作用，因此，突加（减）负载时，必然会引起动态速降（升）。为了减少动态速降（升），在设计转速调节器时，要求系统具有较好的抗扰动性能指标。

3. 双闭环调速系统的优点

综上所述，双闭环调速系统具有如下优点：

① 具有良好的静特性（接近理想的"挖土机特性"）。

② 具有较好的动态特性，起动时间短（动态响应快），超调量也较小。

③ 系统抗扰动能力强，电流环能较好地克服电网电压波动的影响，而速度环能抑制被它包围的各个环节扰动的影响，并最后消除转速偏差。

④ 由两个调节器分别调节电流和转速。这样，可以分别进行设计，分别调整（先调好电流环，再调速度环），调整方便。

2.3　晶闸管直流调速系统

工程应用上调压调速是调速系统的主要方式。这种调速方式需要有专门的、连续可调的直流电源供电。根据系统供电形式的不同，常用的调压调速系统主要有晶闸管可控整流系统和直流脉宽调速系统。本节主要介绍直流伺服电动机晶闸管调速系统，如图 2-11 所示。

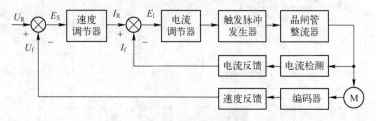

图 2-11　直流伺服电动机晶闸管调速系统

2.3.1　主回路

晶闸管调速系统的主回路主要是晶闸管整流放大装置，其作用是：将电网的交流电转变为直流；将调节回路的控制功率放大，得到较大电流与较高电压以驱动电动机；在可逆控制电路中，电动机制动时，把电动机运转的惯性机械能转变成电能并反馈回交流电网。

晶闸管整流调速装置的接线方式有单相半桥式、单相全控式、三相半波、三相半控桥和三相全控桥式。如图 2-12 所示为由大功率晶闸管构成的三相全控桥式（三相全波）调压电路，三相整流器分成两大部分（Ⅰ和Ⅱ），每部分内按三相桥式连接而成半波整流电路，二组反并接，分别实现正转和反转。每个半波整流电路内部又分成共阴极组（1、3、5）和共阳极组（2、4、6）。为构成回路，这二组中必须各有一个晶闸管同时导通。1、3、5 在正半周导通，2、4、6 在负半周导通，工作波形如图 2-13 所示。

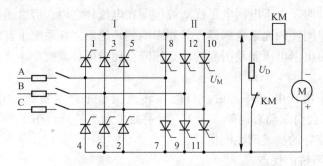

图 2-12　晶闸管三相全控桥式调压电路

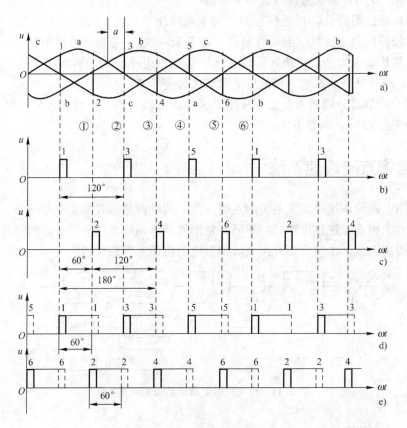

图 2-13　主回路波形

　　每组内（即二相间）触发脉冲相位相差 120°，每相内二个触发脉冲相差 180°。按管号排列，触发脉冲的顺序：1－3－3－4－5－6，相邻之间相位差 60°。为保证合闸后两个串联晶闸管能同时导通或已截止的相再次导通，采用双脉冲控制。即每个触发脉冲在导通 60° 后，再补发一个辅助脉冲；也可以采用宽脉冲控制，宽度在 60° ～120° 之间。

　　因此，只要改变晶闸管触发角（即改变导通角），就能改变晶闸管的整流输出电压，从而改变直流伺服电动机的转速。触发脉冲提前来，增大整流输出电压；触发脉冲延后来，减小整流输出电压。

2.3.2 控制回路

控制回路主要由电流调节回路（内环）、速度调节回路（外环）、触发脉冲发生器等组成。速度环采用 PI 方式调节速度，要求具有良好的静态、动态特性。电流环采用 P 或 PI 方式调节电流，能加快系统响应、提高起动和低频稳定等。触发脉冲发生器主要产生移相脉冲，使晶闸管触发角前移或后移。

1. PI 控制器

为了获得良好的静、动态性能，转速和电流两个调节器一般都采用 PI 控制器，所以对于系统来说，PI 调节器是系统核心。比例积分（PI）控制器是结合了积分器无静差但响应慢，比例调节器有静差但响应快两种规律而形成的具有静差小、响应快的控制器。PI 控制器模拟电路如图 2-14 所示。

输出电压为：

$$U_{ex} = K_p U_{in} + \frac{1}{\tau_I} \int U_{in} dt \qquad (2-16)$$

式中 K_p——比例系数，$K_p = \dfrac{R_1}{R_0}$；

τ_I——积分时间常数，$\tau_I = R_0 C_1$。

PI 控制器的工作过程：当突然加上输入电压时，电容 C_1 相当于短路，这时便是一个比例调节器。因此，输出量产生一个立即响应输出量的跳变，随着对电容的充电，输出电压逐渐升高，这时相当于一个积分环节。只要 $U_{in} \neq 0$，U_{ex} 将继续增长下去，直到 $U_i = 0$ 时，才达到稳定状态。输入、输出信号波形如图 2-15 所示。

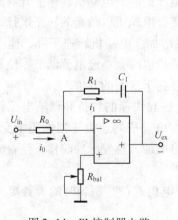

图 2-14　PI 控制器电路

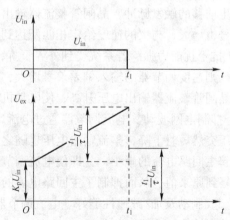

图 2-15　PI 控制器信号波形

可见，PI 控制既具有快速响应性能，又足以消除调速系统的静差。除此以外，比例积分调节器还是提高系统稳定性的校正装置，因此，它在调速系统和其他控制系统中获得了广泛的应用。

2. 触发脉冲发生器

触发脉冲发生器是为晶闸管门极提供所需的触发信号，并能根据控制要求使晶闸管可靠导通，实现整流装置的控制。常见的电路主要有单结晶体管触发电路、正弦波触发电路和锯齿波触发电路。下面以单结晶体管触发电路为例，介绍其工作原理。

触发脉冲发生电路如图 2-16 所示，图中的电位器 R_p 用来调节电容 C 的充电时间，当电容上的电压达到单结晶体管的转折电压（峰点）时，单结晶体管进入负阻特性状态。突然导通的大电流在负载电阻 R_f 上产生一个电压信号 u_{b_1}。同时，电容迅速放电使发射极的电压又下降至截止状态，由此周而复始重复上述过程，不断产生由电容 C 充电时间控制的脉冲信号。该电路的电源电压一般在 $15 \sim 20V$，电容 C 的数值约为 $0.1 \sim 1\mu F$，控制充电时间的电阻约为几千到几万欧姆，负载端的电阻值在几百欧姆的范围内调整。图 2-17 是电路中电容充、放电过程和输出脉冲的波形图。

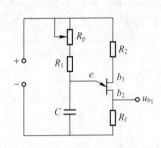
图 2-16　触发脉冲发生电路

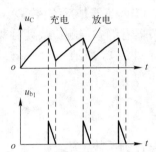
图 2-17　充放电及脉冲波形

2.3.3　晶闸管调速系统的特点

根据前面分析可知，晶闸管调速系统具有以下特点：

1）调速性能好。当给定的指令信号增大时，则有较大的偏差信号加到调节器的输入端，产生前移的触发脉冲，晶闸管整流器输出的直流电压提高，电动机转速上升。此时测速反馈信号也增大，与大的速度给定相匹配达到新的平衡，电动机以较高的转速运行。

2）抗干扰能力强。若系统受到外界干扰，如负载增加，电动机转速下降，速度反馈电压降低，则速度调节器的输入偏差信号增大，其输出信号也增大，经电流调节器使触发脉冲前移，晶闸管整流器输出电压升高，使电动机转速恢复到干扰前的数值。

3）抑制电网波动。电流调节器通过电流反馈信号还起快速的维持和调节电流作用，如电网电压突然短时下降，整流输出电压也随之降低，在电动机转速由于惯性还未变化之前，首先引起主回路电流的减小，立即使电流调节器的输出增加，触发脉冲前移，使整流器输出电压恢复到原来值，从而抑制了主回路电流的变化。

4）起/制动及加/减速性能好。电流调节器能保证电机起动、制动时的大转矩、加减速的良好动态性能。

2.4　脉宽调制（PWM）直流调速系统

在工作电流（或者电功率）较大时，由于控制器件性能的限制，直流电压的获取与直流电压的方便调节较难同时完成。正因为电动机所驱动的机械系统固有频率较低，在直流电动机电枢电压调速方法中以涉及频率较高的脉宽调制方式达到调节电压的目的完全可行。

所谓脉冲宽度调制（Pulse Width Modulation，PWM）技术，就是把恒定的直流电源电压调制成频率一定、宽度可变的脉冲电压序列，从而可以改变平均输出电压的大小。通常把采用脉冲宽度调制（PWM）的直流电动机调速系统，简称为直流脉宽调速系统，即直流PWM调速系统。

2.4.1　PWM直流调速系统构成

对直流调速系统而言，一般动、静态性能较好的调速系统都采用双闭环控制系统，因此，直流脉宽调速系统，我们也以双闭环为例予以介绍。

直流脉宽调速系统的原理如图2-18所示，它由主回路和控制回路两部分组成。系统采用转速、电流双闭环控制方案，速度调节器和电流调节器均为PI调节器，转速反馈信号由直流测速发电机TG得到，电流反馈信号由霍尔电流变换器得到。与晶闸管调速系统相比，转速调节器和电流调节器原理一样，不同的是脉宽调制器和功率放大器。

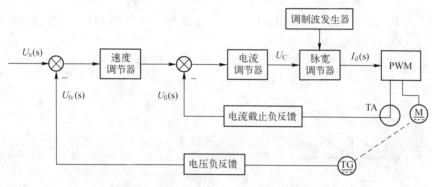

图2-18　PWM直流调速系统

2.4.2　直流脉宽调制原理

直流脉宽调制是利用电子开关，将直流电源电压转换成为一定频率的方波脉冲电压，再通过对方波脉冲宽度的控制来改变供电电压大小与极性，从而达到对电动机进行变压调速的一种方法。

在直流脉宽调速系统中，晶体管基极的驱动信号是脉冲宽度可调的电压信号。脉宽调制器实际上是一种电压-脉冲变换器，由电流调节器的输出电压 U_C 控制，给PWM装置输出脉冲电压信号，其脉冲宽度和 U_C 成正比。常用的脉宽调制器按调制信号不同分为锯齿波脉宽调制器、三角波脉宽调制器、由多谐振荡器和单稳态触发电路组成的脉宽调制器和数字脉宽调制器等几种。下面以锯齿波脉宽调制器为例来说明脉宽调制原理。

锯齿波脉宽调制器是一个由运算放大器和几个输入信号组成的电压比较器，如图2-19所示。加在运算放大器反相输入端上的有三个输入信号，一个输入信号是锯齿波调制信号 U_{sa}，由锯齿波发生器提供，其频率是主电路所需的开关调制频率。另一个输入信号是控制电压 U_C，是系统的给定信号经转速调节器、电流调节器输出的直流控制电压，其极性与大小随时可变。U_C 与 U_{sa} 在运算放大器的输出端叠加，从而在运算放大器的输出端得到周期不变、脉冲宽度可变的调制输出电压 U_{pw}。为了得到双极式脉宽调制电路所需的控制信号，再在运算放大器的输入端引入第三个输入信号——负偏差电压 U_p，其值为

25

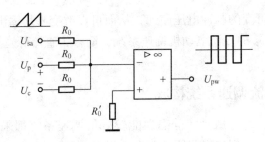

图 2-19 锯齿波脉宽调制器原理图

$$U_p = -\frac{1}{2}U_{samax} \tag{2-17}$$

由式（2-17）可分析得：

1）当 $U_c = 0$ 时，输出脉冲电压 U_{pw} 的正负脉冲宽度相等，如图 2-20a 所示。

2）当 $U_c > 0$ 时，$+U_c$ 的作用和 $-U_p$ 相减，经运算放大器倒相后，输出脉冲电压 U_{pw} 的正半波变窄，负半波变宽，如图 2-20b 所示。

3）当 $U_c < 0$ 时，$-U_c$ 的作用和 $-U_p$ 相加，则输出脉冲电压 U_{pw} 的正半波增宽，负半波变窄，如图 2-20c 所示。

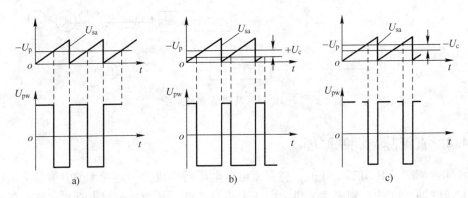

图 2-20 锯齿波脉宽调制器波形图

a）$U_c = 0$　b）$U_c > 0$　c）$U_c < 0$

这样，通过改变控制电压 U_c 的极性，也就改变了双极式 PWM 变换器输出平均电压的极性，因而改变了电动机的转向。通过改变控制电压 U_c 的大小，就能改变输出脉冲电压的宽度，从而改变电动机的转速。

2.4.3　PWM 变换器

所谓脉宽调制变换器实际上就是一种直流斩波器。当电子开关在控制电路作用下按某种控制规律进行通断时，在电动机两端就会得到调速所需的、有不同占空比的直流供电电压 U_d。采用简单的单管控制时，脉宽电路被称作直流斩波器，后来逐渐发展成用各种脉冲宽度调制开关的控制电路，而这种器件则被称为是脉宽调制变换器（PWM - Pulse Width Modulation）。PWM 脉宽调制电路的外形及内部结构如图 2-21 所示，系统结构框图如图 2-22 所示。

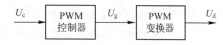

图 2-21　PWM 脉宽调制电路的外形及内部结构　　　　图 2-22　PWM 脉宽调制电路的
系统结构框图

脉宽调制变换器按电路不同，主要分为不可逆与可逆两大类，其中不可逆 PWM 变换器又分为有制动力和无制动力两类，可逆 PWM 变换器在控制方式上可分双极式、单极式和受限单极式三种。

1. 不可逆 PWM 变换器

不可逆 PWM 变换器就是直流斩波器，是最简单的 PWM 变换器，其原理如图 2-23 所示，它采用了全控式的电力晶体管，开关频率可达数十千赫。直流电压 U_s 由不可控整流电源提供，采用大电容滤波，二极管 VD 在晶体管 VT 关断时为电枢回路提供释放电感储能的续流回路。

大功率晶体管 VT 的基极由脉宽可调的脉冲电压 U_b 驱动，当 U_b 为正时，VT 饱和导通，电源电压 U_s 通过 VT 的集电极回路加到电动机电枢两端；当 U_b 为负时，VT 截止，电动机电枢两端无外加电压，电枢的磁场能量经二极管 VD 释放（续流）。电动机电枢两端得到的电压 U_{AB} 为脉冲波，其平均电压为

$$U_d = \frac{t_{on}}{T} U_s = \rho U_s \qquad (2-18)$$

式中　ρ 为负载电压系数或占空比，$\rho = \dfrac{t_{on}}{T}$，其变化范围在 0 ~ 1 之间。

一般情况下周期 T 固定不变，当调节 t_{on}，使 t_{on} 在 0 ~ T 范围内变化时，则电动机电枢端电压 U_d 在 0 ~ U_s 之间变化，而且始终为正。因此，电动机只能单方向旋转，为不可逆调速系统，这种调节方法也称为定频调宽法。

图 2-24 所示为稳态时电动机电枢的脉冲端电压 u_s、电枢电压平均值 U_d、电动机反电势 E 和电枢电流 i_d 的波形。

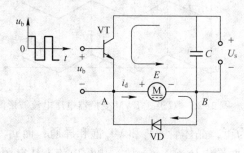 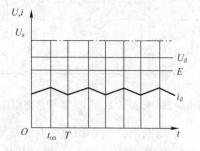

图 2-23　不可逆 PWM 变换器原理路　　　　　图 2-24　电压和电流波形

由于晶体管开关频率较高，利用二极管 VD 的续流作用，电枢电流 I_d 是连续的，而且脉动幅值不是很大，对转速和反电动势的影响都很小，为突出主要问题，可忽略不计，即认为转速和反电动势为恒值。

2. 双极式 H 型 PWM 变换器

双极式 PWM 变换器主电路的结构形式有 H 型和 T 型两种，我们主要讨论常用的 H 型变换器。如图 2-25 所示，双极式 H 型 PWM 变换器由四个晶体管和四个二极管组成，其连接形状如同字母 H，因此称为"H 型"PWM 变换器。它实际上是两组不可逆 PWM 变换器电路的组合。

在图 2-25 所示的电路中，四个晶体管的基极驱动电压分为两组，VT_1 和 VT_4 同时导通和关断，其驱动电压 $u_{b1} = u_{b4}$；VT_2 和 VT_3 同时导通和关断，其驱动电压 $u_{b2} = u_{b3} = -u_{b1}$，它们的波形如图 2-26 所示。

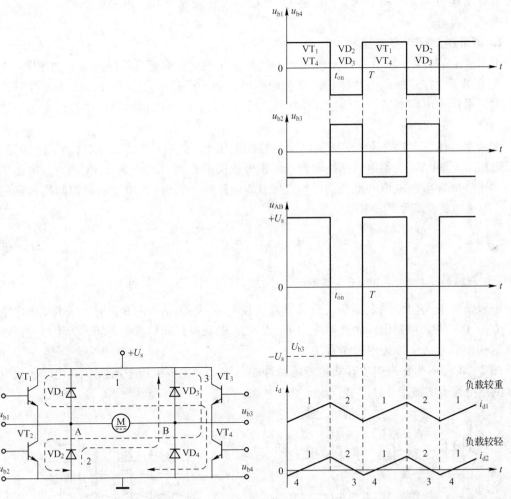

图 2-25 双极式 H 型 PWM 变换器原理图   图 2-26 双极式 PWM 变换器电压电流波形图

在一个周期内，当 $0 \leqslant t < t_{on}$ 时，u_{b1} 和 u_{b4} 为正，晶体管 VT_1 和 VT_4 饱和导通；而 u_{b2} 和 u_{b3} 为负，VT_2 和 VT_3 截止。这时，电动机电枢 AB 两端电压 $u_{AB} = +U_S$，电枢电流 i_d 从电源 U_S 的正极→VT_1→电动机电枢→VT_4→到电源 U_S 的负极。

当 $t_{on} \leqslant t < T$ 时，u_{b1} 和 u_{b4} 变负，VT_1 和 VT_4 截止；u_{b2} 和 u_{b3} 变正，但 VT_2 和 VT_3 并不能立即

导通，因为在电动机电枢电感向电源 U_s 释放能量的作用下，电流 i_d 沿回路 2 经 VD$_2$ 和 VD$_3$ 形成续流，在 VD$_2$ 和 VD$_3$ 上的压降使 VT$_2$ 和 VT$_3$ 的集电极—发射极间承受反压，当 i_d 过零后，VT$_2$ 和 VT$_3$ 导通，i_d 反向增加，到 $t = T$ 时 i_d 达到反向最大值，这期间电枢 AB 两端电压 $u_{AB} = -U_s$。

由于电枢两端电压 u_{AB} 的正负变化，使得电枢电流波形根据负载大小分为两种情况：

1）当负载电流较大时，电流 i_d 的波形如图 2-26 中的 i_{d1}，由于平均负载电流大，在续流阶段（$t_{on} < t < T$），电流仍维持正方向，电动机工作在正向电动状态。

2）当负载电流较小时，电流 i_d 的波形如图 2-26 中的 i_{d2}，由于平均负载电流小，在续流阶段，电流很快衰减到零。于是 VT$_2$ 和 VT$_3$ 的 $c-e$ 极间反向电压消失，VT$_2$ 和 VT$_3$ 导通，电枢电流反向，i_d 从电源 U_s 正极→VT$_2$→电动机电枢→VT$_3$→电源 U_s 负极，电动机处在制动状态。同理，在 $0 \leqslant t < T$ 期间，电流也有一次倒向。

由于在一个周期内，电枢两端电压正负相间，即在 $0 \leqslant t < t_{on}$ 期间为 $+U_s$，在 $t_{on} < t < T$ 期间为 $-U_s$，所以称为双极性 PWM 变换器。利用双极性 PWM 变换器，只要控制其正负脉冲电压的宽窄，就能实现电动机的正转和反转。

当正脉冲较宽时（$t_{on} > T/2$），则电枢两端平均电压为正，电动机正转；当正脉冲较窄时（$t_{on} < T/2$），电枢两端平均电压为负，电动机反转。如果正负脉冲电压宽度相等（$t_{on} = T/2$），平均电压为零，则电动机停止。此时电动机的停止与四个晶体管都不导通时的停止是有区别的，四个晶体管都不导通时的停止是真正的停止。平均电压为零时的电动机停止，电动机虽然不动，但电动机电枢两端瞬时电压值和瞬时电流值都不为零，而是交变的，电流平均值为零，不产生平均力矩，但电动机带有高频微振，因此能克服静摩擦阻力，消除正反向的静摩擦死区。

双极式可逆 PWM 变换器电枢平均端电压可用公式表示为

$$U_d = \frac{t_{on}}{T} U_s - \frac{T - t_{on}}{T} U_s = \left(\frac{2t_{on}}{T} - 1 \right) U_s \qquad (2-19)$$

以 $\rho = U_d / U_s$ 来定义 PWM 电压的占空比，则 ρ 与 t_{on} 的关系为

$$\rho = \frac{2t_{on}}{T} - 1 \qquad (2-20)$$

调速时，其值变化范围变成 $-1 \leqslant \rho \leqslant 1$。当 ρ 为正值时，电动机正转；当 ρ 为负值时，电动机反转；当 $\rho = 0$ 时，电动机停止。

双极式 PWM 变换器的优点是：①电流连续；②可使电动机在四个象限中运行；③电动机停止时，有微振电流，能消除静摩擦死区；④低速时，每个晶体管的驱动脉冲仍较宽，有利于晶体管的可靠导通，平稳性好，调速范围大。缺点是：在工作过程中，四个大功率晶体管都处于开关状态，开关损耗大，且容易发生上下两管同时导通的事故，降低了系统的可靠性。为了防止双极式 PWM 变换器的上、下两管同时导通，一般在一管关断和另一管导通的驱动脉冲之间设置逻辑延时环节。

2.4.4 PWM 调速系统的特点

PWM 调速系统的脉宽调压与晶闸管调速系统的触发角方式调压相比，脉宽调压有以下优点：

1）电流脉动小。由于 PWM 调制频率高，电动机负载成感性对电流脉动由平滑作用，波形系数接近于 1。

2）电路损耗小，装置效率高。主电路简单，所用的功率元件少。控制用的开关频率较

高，对电网的谐波干扰小，电动机的损耗和发热都比较小。

3）频带宽、频率高。晶体管"结电容"小，开关频率远高于晶闸管的开关频率（约50 Hz），可达 2~10 kHz，快速性好。

4）动态硬度好。抗正瞬态负载扰动能力强，频带宽，动态硬度高。

5）电网的功率因数较高。SCR 系统由于导通角的影响，使交流电源的波形畸变、高次谐波的干扰，降低了电源功率因数。而 PWM 系统的直流电源为不受控的整流输出，功率因数高。

2.5　本章小结

直流伺服系统是用直流伺服电动机作为执行元件的伺服系统。直流伺服系统具有控制特性优良、调速范围宽、调速比大、起/制动性能好、定位精度高等优点。但由于直流伺服电动机也存在结构复杂、成本较高、维护困难、单机容量和转速都受到限制等缺点，随着计算机控制技术和电力电子技术的发展，推动了交流伺服技术的迅猛发展，有代替直流伺服系统的趋势。然而，直流伺服系统在理论和实践等方面发展比较成熟，从控制角度考虑，它又是交流伺服系统的基础，故应先学好直流伺服系统。

本章主要介绍了直流伺服电动机的原理、类型及主要特性，直流伺服电动机调速系统。并着重分析了晶闸管直流调速系统和脉宽调制（PWM）直流调速系统的结构组成、调速原理和系统性能等知识。

2.6　测试题

一、选择题

1. 直流双闭环调速系统中出现电源电压波动和负载转矩波动时，（　　　）。

　　A. ACR 抑制电网电压波动，ASR 抑制转矩波动

　　B. ACR 抑制转矩波动，ASR 抑制电压波动

　　C. ACR 放大转矩波动，ASR 抑制电压波动

　　D. ACR 放大电网电压波动，ASR 抑制转矩波动

2. 如图 2-27 所示的桥式可逆 PWM 变换器给直流电动机供电时，采用双极性控制方式，其输出平均电压 U_d 等于（　　　）。

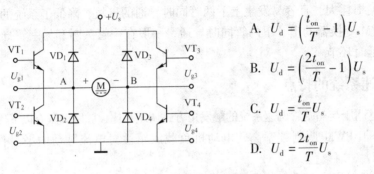

A. $U_d = \left(\dfrac{t_{on}}{T} - 1 \right) U_s$

B. $U_d = \left(\dfrac{2t_{on}}{T} - 1 \right) U_s$

C. $U_d = \dfrac{t_{on}}{T} U_s$

D. $U_d = \dfrac{2t_{on}}{T} U_s$

图 2-27　选择题 2 用图

3. 当理想空载转速 n_0 相同时，闭环系统的静差率 s_b 与开环下的 s_k 之比为（　　）。

    A. 1   B. 0

    C. $1 + K$（K 为开环放大倍数）   D. $1/（1 + K）$（K 为开环放大倍数）

4. 速度单闭环系统中，不能抑制（　　）的扰动。

    A. 调节器放大倍数   B. 电网电压波动

    C. 负载   D. 测速机励磁电流

5. 转速—电流双闭环不可逆系统正常稳定运转后，发现原定正方向与机械要求的正方向相反，需改变电动机运行方向。此时不应（　　）。

    A. 调换磁场接线   B. 调换电枢接线

    C. 同时调换磁场和电枢接线   D. 同时调换磁场和测速发电机接线

6. 一个设计较好的双闭环调速系统在稳态工作时（　　）。

    A. 两个调节器都饱和   B. 两个调节器都不饱和

    C. ST 饱和，LT 不饱和   D. ST 不饱和，LT 饱和

7. 双闭环调速系统中，在恒流升速阶段时，两个调节器的状态是（　　）。

    A. ASR 饱和、ACR 不饱和   B. ACR 饱和、ASR 不饱和

    C. ASR 和 ACR 都饱和   D. ACR 和 ASR 都不饱和

8. 在速度负反馈单闭环调速系统中，当下列（　　）参数变化时系统无调节能力。

    A. 放大器的放大倍数 Kp B. 负载变化

    C. 转速反馈系数   D. 供电电网电压

9. 转速 PID 调节器的双闭环系统与转速 PI 调节器的双闭环系统相比，（　　）。

    A. 抗负载干扰能力弱   B. 动态速降增大

    C. 恢复时间延长   D. 抗电网电压扰动能力增强

10. 为了增加系统响应的快速性，应该在系统中引入（　　）环节进行调节。

    A. P 调节器   B. I 调节器   C. PI 调节器   D. PID 调节器

二、填空题

1. 脉宽调速系统中，开关频率越高，电流脉动越_____，转速波动越_____，动态开关损耗越_____。

2. 采用转速 - 电流双闭环系统能使电动机按允许的_____加速度起动，_____起动时间。双闭环的调速系统的特点是：利用_____实现了_____控制，同时带来了_____。

3. 脉中宽度调制简称（PWM），它是通过功率管开关作用，将_____转换成频率一定、宽度可调的_____，通过调节_____，改变输出电压的平均值的一种变换技术。

4. 调速控制系统是通过对_____的控制，将_____转换成_____，并且控制工作机械按_____的运动规律运行的装置。

5. 用_____作为原动机的传动方式称为直流调速，用_____作为原动机的传动方式称为交流调速。

6. 直流电动机的调速方法有三种，即为_____、_____和_____调速。

7. 电气控制系统的调速性能指标可概括为_____和_____调速指标。

三、判断题

1. 弱磁控制时直流电动机的电磁转矩属于恒功率性质只能拖动恒功率负载而不能拖动恒转矩负载。（　　）

2. 只有一组桥式晶闸管变流器供电的直流电动机调速系统在位能式负载下能实现制动。（　　）

3. 直流电动机变压调速和弱磁调速都可做到无级调速。（　　）

4. 静差率和机械特性硬度是一回事。（　　）

5. 带电流截止负反馈的转速闭环系统不是单闭环系统。（　　）

6. 电流—转速双闭环无静差可逆调速系统稳态时控制电压 U_k 的大小并非仅取决于速度给定 U_g^* 的大小。（　　）

7. 双闭环调速系统在起动过程中，速度调节器总是处于饱和状态。（　　）

8. 可逆脉宽调速系统中电动机的转动方向（正或反）由驱动脉冲的宽窄决定。（　　）

9. 双闭环可逆系统中，电流调节器的作用之一是对负载扰动起抗扰作用。（　　）

10. 转速电流双闭环速度控制系统中转速调节为 PID 调节器时转速总有超调。（　　）

11. 闭环系统电动机转速与负载电流（或转矩）的稳态关系，即静特性，它在形式上与开环机械特性相似，但本质上却有很大的不同。（　　）

12. 直流电动机弱磁升速的前提条件是恒定电动势反电势不变。（　　）

13. 直流电动机弱磁升速的前提条件是恒定电枢电压不变。（　　）

四、简答题

1. 在转速、电流双闭环调速系统中，转速调节器有哪些作用？其输出限幅值应按什么要求来整定？

2. 在转速、电流双闭环调速系统中，电流调节器有哪些作用？其限幅值应如何整定？

3. 试回答双极式和单极式 H 型 PWM 变换器的优缺点。

4. 转速和电流调节器均采用 PI 调节器的双闭环系统起动过程的特点是什么？

五、综合分析题

1. 双闭环调速系统中如反馈断线会出现什么情况，正反馈会出什么情况？

2. 某双闭环调速系统中，ASR、ACR 均采用 PI 调节器。已知参数：电动机 $P_N = 3.7 \text{ kW}$，$U_N = 220 \text{ V}$，$I_N = 20 \text{ A}$，$n_N = 1000 \text{ r/min}$，电枢回路总电阻 $R = 1.5 \text{ Ω}$，设，$U_{nm} = U_{im} = 10 \text{ V}$，电枢回路最大电流 $I_{dm} = 30 \text{ A}$，电力电子变换器的放大系数 $K_S = 40$。

试求：

（1）电流反馈系数 β 和转速反馈系数 α？

（2）突增负载后又进入稳定运行状态，则 ACR 的输出电压 U_c、变流装置输出电压 U_d，电动机转速 n，较之负载变化前是增加、减少，还是不变？为什么？

（3）如果速度给定 U_n 不变时，要改变系统的转速，可调节什么参数？

第3章 交流伺服控制系统

【导学】

📖 你知道当前最主要的伺服系统是什么类型吗？有哪些优越性？

由于直流伺服电动机存在机械结构复杂、维护工作量大等缺点，在运行过程中转子容易发热，影响了与其连接的其他机械设备的精度，难以应用到高速及大容量的场合，机械换向器则成为直流伺服驱动技术发展的瓶颈。从 20 世纪 70 年代后期到 80 年代初期，随着微处理器技术、大功率高性能半导体功率器件技术和电动机永磁材料制造工艺的发展及其性能价格比的日益提高，交流伺服技术——交流伺服电动机和交流伺服控制系统逐渐成为主导产品。交流伺服电动机克服了直流伺服电动机存在的电刷、换向器等机械部件所带来的各种缺点，特别是交流伺服电动机的过负荷特性和低惯性体现出交流伺服系统的优越性。

现代交流伺服系统，经历了从模拟到数字化的转变，现在数字控制已经无处不在，比如换相、电流、速度和位置控制，并采用了新型功率半导体器件、高性能数字信号处理器（DSP）加现场可编程门阵列（FPGA）、以及伺服专用模块（比如国际整流器公司推出的伺服控制专用引擎）。

现代交流伺服系统最早被应用于宇航和军事领域，比如火炮、雷达控制，并逐渐进入到工业领域和民用领域。工业应用主要包括高精度数控机床、机器人和其他广义的数控机械，比如纺织机械、印刷机械、包装机械、医疗设备、半导体设备、邮政机械、冶金机械、自动化流水线、各种专用设备等。

本章主要介绍交流伺服电动机的工作原理及特性，交流伺服系统的组成及类型、交流调速相关技术等知识。

【学习目标】

1）理解交流伺服电动机的工作原理和主要特性。
2）了解交流伺服电动机的结构组成和主要性能。
3）掌握交流伺服系统组成和主要类型。
4）理解交流电动机的速度控制原理及主要技术。
5）理解 SPWM 逆变器的工作原理。
6）掌握 SPWM 逆变器的主要调制技术。
7）了解 SPWM 波的形成技术。

3.1 交流伺服电动机

交流伺服电动机在伺服系统中用作执行元件，其任务是将控制电信号快速地转换为转轴的转动。输入的电压信号称为控制信号或控制电压，改变控制电压可以改变伺服电动机的转速及转向。

自动控制系统对交流伺服电动机的要求主要有以下几点：

1）转速和转向应方便地受控制信号的控制，调速范围要大；

2）整个运行范围内的特性应接近线性关系，保证运行的稳定性；

3）当控制信号消除时，伺服电动机应立即停转，即电动机无"自转"现象；

4）控制功率要小，起动力矩要大；

5）机电时间常数要小，起动电压要低。当控制信号变化时，反应要快速灵敏。

3.1.1 交流伺服电动机结构与特点

交流伺服电动机的结构主要可分为两大部分，即定子部分和转子部分。定子的结构与旋转变压器的定子基本相同，在定子铁心中也安放着空间互成90°电角度的两相绕组，如图3-1所示。其中 $l_1 - l_2$ 称为励磁绕组，$k_1 - k_2$ 称为控制绕组，所以交流伺服电动机是一种两相的交流电动机。转子的常用结构有笼型转子和非磁性杯型转子。

1. 笼型转子

笼型转子交流伺服电动机的结构如图3-2所示，它的转子由转轴、转子铁心和转子绕组等组成。如果去掉铁心，整个转子绕组形成一鼠笼状，"笼型转子"即由此得名。笼的材料有用铜的，也有用铝的。

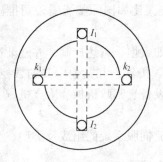

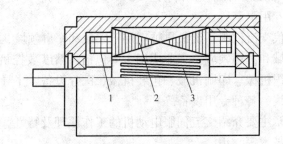

图3-1　两相绕组分布图　　　　　　图3-2　笼型转子交流伺服电动机

1—定子绕组；2—定子铁心；3—笼型转子

与非磁性杯形转子相比较，笼型转子体积小、质量轻、效率高，起动电压低，灵敏度高，激励电流较小，机械强度较高，可靠性好，能经受高温、振动、冲击等恶劣环境条件。但在低速运转时不够平滑，有抖动等现象。因此，在小功率伺服控制系统中得到了广泛应用。

2. 非磁性杯型转子

非磁性杯型转子交流伺服电动机的结构如图3-3所示，外定子与笼型转子伺服电动机的定子完全一样，内定子由环形钢片叠成。通常内定子不放绕组，只是代替笼型转子的铁心，作为电机磁路的一部分。在内、外定子之间有细长的空心转子装在转轴上，空心转子做成杯子形状，所以又称为空心杯型转子。空心杯由非磁性材料铝或铜制成，它的杯壁极薄，一般在0.3mm左右。杯型转子套在内定子铁心外，并通过转轴可以在内、外定子之间的气隙中自由转动，而内、外定子是不动的。

可见，杯型转子与笼型转子虽然外形上不一样的，但在内部结构上，杯型转子可以看作

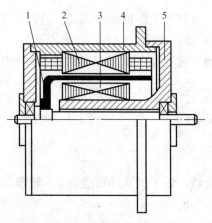

图 3-3 杯型转子伺服电动机

1—杯型转子；2—外定子；3—内定子；4—机壳；5—端盖

是笼条数目非常多、条与条之间彼此紧靠在一起的笼型转子，杯型转子的两端也可看作由短路环相连接。因此，杯型转子只是笼型转子的一种特殊形式。

与笼型转子相比较，非磁性杯型转子惯量小，轴承摩擦阻转矩小。由于它的转子没有齿和槽，转子一般不会有抖动现象，运转平稳。由于杯型转子内、外定子间气隙较大（杯壁厚度加上杯壁两边的气隙），所以励磁电流大，降低了电动机的利用率。另外，杯型转子伺服电动机结构和制造工艺又比较复杂。因此，目前广泛应用的是笼型转子伺服电动机，只有在要求低噪声及运转非常平稳的某些特殊场合下，才采用非磁性杯型转子伺服电动机。

3.1.2 交流伺服电动机基本工作原理

交流伺服电动机使用时，在励磁绕组两端施加恒定的励磁电压 U_f，控制绕组两端施加控制电压 U_k，如图 3-4 所示。定子两相的轴线在空间互差 90°电角度绕组中，通入相位上互差 90°的电压，产生一旋转磁场。转子导体切割该磁场，从而产生感应电势，该电势在短路的转子导体中产生电流。转子载流导体在旋转磁场中受力，从而使得转子沿旋转磁场转向旋转。当无控制信号（控制电压）时，只有励磁绕组产生的脉动磁场，转子不能转动。

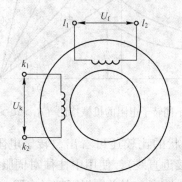

图 3-4 两相交流伺服电动机原理图

通常将有效匝数相等的两个绕组称为两相对称绕组，若在两相对称绕组上施加两个幅值相等且相位差 90°电角度的对称电压，则电动机处于对称状态。此时，两相绕组在定子、转子之间的气隙中产生的合成磁势是一个圆形旋转磁。若两个电压幅值不相等或相位差不为 90°电角度，则会得到一椭圆形旋转磁场。

设旋转磁场的转速称为同步速 n_s，其值只与电动机极数和电源频率有关，关系式为

$$n_s = \frac{f}{p} = \frac{60f}{p} \tag{3-1}$$

式中　　n_s——同步转速（r/min）；

　　　　f——频率（Hz）；

　　　　p——极对数。

于是，转子随旋转磁场旋转。转子的实际转速为 n，转差率 s 为

$$s = \frac{n_s - n}{n_s} \tag{3-2}$$

可见：

1）当转子静止时，$s = 1$；

2）当转子以 n_s 转速逆旋转磁场旋转时，$s = 2$；

3）当转子以 n_s 转速随旋转磁场旋转时，$s = 0$。

由于交流伺服电动机转速总是低于旋转磁的同步速，而且随着负载阻转矩值的变化而变化，因此交流伺服电动机又称为两相异步伺服电动机。

3.1.3　交流伺服电动机运行特性

两相交流伺服电动机的主要运行特性有：

1）机械特性

所谓机械特性是指转矩 T 和转速 n（转差率 s）的关系称为电动机的机械特性，即 $T = f(s)$。不同大小转子电阻的异步电动机的机械特性如图 3-5 所示。

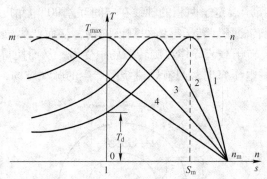

图 3-5　不同转子电阻的机械特性（$R_4 > R_3 > R_2 > R_1$）

从图 3-5 中的几条曲线形状的比较还可看出，转子电阻越大，机械特性越接近直线（如图中特性 3 比特性 2、1 更接近直线），使用中往往对伺服电动机的机械特性非线性度有一定限制，为了改善机械特性线性度，也必须提高转子电阻。所以，具有大的转子电阻和下垂的机械特性是交流伺服电动机的主要特点。

通常用有效系数来表示控制的效果，有效系数用 a_e 表示，定义为

$$a_e = \frac{U_k}{U_{kn}} \qquad\qquad (3-3)$$

式中 U_k——实际控制电压，U_{kn}——额定控制电压。

当控制电压 U_k 在 $0 \sim U_{kn}$ 变化时，有效信号系数 a_e 在 $0 \sim 1$ 变化。相同负载下，a_e 越大，电动机的转速越高。图 3-6 是幅值控制时，不同 a_e 下的一组机械特性曲线族。

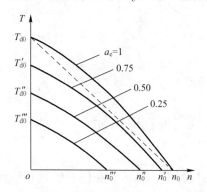

图 3-6　不同信号系数 a_e 时的机械特性

（2）输入、输出特性

所谓输入特性是指电动机在一定的控制电压下，控制绕组和激励回路的输入功率与转速的关系 $P_1 = f(S)$ 或输入电流与转速的关系 $I = f(S)$。同样，输出特性是指在一定的控制电压下，电动机的输出功率与转速的关系 $P_2 = f(S)$。输入、输出特性曲线如图 3-7 所示。

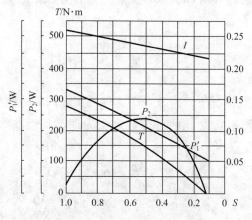

图 3-7　输入、输出特性曲线

（3）调节特性

对伺服电动机关心的是转速与控制电信号的关系，为清楚表示转速随控制电信号变化的关系，常用调节特性曲线来表示。调节特性就是表示当输出转矩一定的情况下，转速与有效信号系数 α_e 的变化关系，$n = f(\alpha_e)$。图 3-8 所示，为不同转矩时的调节特性曲线。

（4）堵转特性

堵转特性是指伺服电动机堵转转矩与控制电压的关系曲线，即 $T_d = f(a_e)$ 曲线，如图 3-9 所示。不同有效信号系数 a_e 时的堵转转矩就是各条机械特性曲线与横坐标的交点。

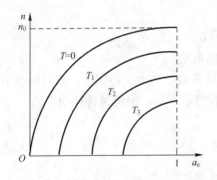
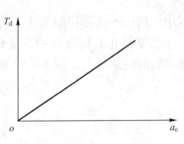

图 3-8　不同转矩下的调节特性曲线（$T_3 > T_2 > T_1 > T = 0$）　　　　图 3-9　堵转特性曲线

3.1.4　交流伺服电动机主要性能指标

1. 空载始动电压 U_{s0}

在额定励磁电压和空载的情况下，使转子在任意位置开始连续转动所需的最小控制电压定义为空载始动电压 U_{s0}，用额定控制电压的百分比来表示。U_{s0} 越小，表示伺服电动机的灵敏度越高。一般 U_{s0} 要求不大于额定控制电压的 3% ~ 4%；使用于精密仪器仪表中的两相伺服电动机，有时要求不大于额定控制电压的 1%。

2. 机械特性非线性度 k_m

在额定励磁电压下，任意控制电压时的实际机械特性与线性机械特性在转矩 $T = T_d/2$ 时的转速偏差 Δn 与空载转速 n_0（对称状态时）之比的百分数，定义为机械特性非线性度，如图 3-10 所示，表达式为

$$k_m = \frac{\Delta n}{n_0} \times 100\%　　　　　　　　　　(3-4)$$

3. 调节特性非线性度 k_v

在额定励磁电压和空载情况下，当 $\alpha_e = 0.7$ 时，实际调节特性与线性调节特性的转速偏差 Δn 与 $\alpha_e = 1$ 时的空载转速 n_0 之比的百分数定义为调节特性非线性度，如图 3-11 所示，表达式为

$$k_v = \frac{\Delta n}{n_0} \times 100\%　　　　　　　　　　(3-5)$$

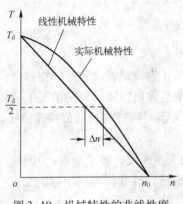
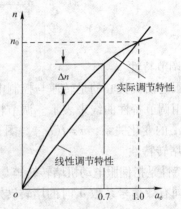

图 3-10　机械特性的非线性度　　　　　　图 3-11　调节特性的非线性度

4. 堵转特性非线性度 k_d

在额定励磁电压下，实际堵转特性与线性堵转特性的最大转矩偏差 $(\Delta T_{dn})_{max}$ 与 $\alpha_e = 1$ 时的堵转转矩 T_{d0} 之比值的百分数，定义为堵转特性非线性度，如图 3-12 所示，表达式为

$$k_d = \frac{(\Delta T_{dn})_{max}}{T_{d0}} \times 100\% \qquad (3-6)$$

以上这几种特性的非线性度越小，特性曲线越接近直线，系统的动态误差就越小，工作就越准确，一般要求 $k_m \leq 10\% \sim 20\%$，$k_v \leq 20\% \sim 25\%$，$k_d \leq \pm 5\%$。

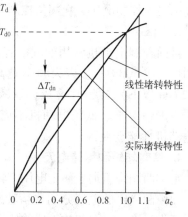

图 3-12 堵转特性的非线性度

5. 机电时间常数 τ_j

当转子电阻相当大时，交流伺服电动机的机械特性接近直线。如果把 $\alpha_e = 1$ 时的机械特性近似地用一条直线来代替，如图 3-6 中的虚线所示，那么与这条线性机械特性相对应的机电时间常数就与直流伺服电动机机电时间常数表达式相同，即

$$\tau_j = \frac{J\omega_0}{T_{d0}} \qquad (3-7)$$

式中　J——转子转动惯量；

　　　ω_0——空载角速度；

　　　T_{d0}——堵转转矩。

当电动机工作于非对称状态时，随着 α_e 的减小，相应的时间常数 τ_j 会变大。

3.1.5　交流伺服电动机主要技术数据

1. 型号说明

交流伺服电动机的型号说明主要包括机座号、产品代号、频率代号和性能参数序号四个部分。

例如：

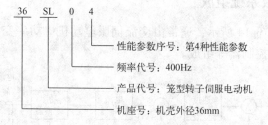

2. 电压

技术数据表中励磁电压和控制电压指的都是额定值。励磁绕组的额定电压一般允许变动范围为 ±5% 左右。电压太高，电动机会发热；电压太低，电动机的性能将变坏，如堵转转矩和输出功率会明显下降，加速时间增长等。

当电动机作为电容伺服电动机使用时，应注意到励磁绕组两端电压会高于电源电压，而且随转速升高而增大，其值如果超过额定值太多，会使电动机过热。控制绕组的额定电压有

时也称最大控制电压，在幅值控制条件下加上这个电压就能得到圆形旋转磁场。

3. 频率

目前控制电动机常用的频率有低频和中频两大类，低频为 50 Hz（或 60 Hz），中频为 400 Hz（或 500 Hz）。因为频率越高，涡流损耗越大，所以中频电动机的铁心用较薄的（0.2 mm 以下）硅钢片叠成，以减少涡流损耗；低频电动机则用 0.35~0.5 mm 的硅钢片。一般情况下，低频电动机不应该用中频电源，中频电动机也不应该用低频电源，否则电动机性能会变差。

4. 堵转转矩和堵转电流

定子两相绕组加上额定电压，转速等于 0 时的输出转矩，称为堵转转矩。这时流经励磁绕组和控制绕组的电流分别称堵转励磁电流和堵转控制电流。堵转电流通常是电流的最大值，可作为设计电源和放大器的依据。

5. 空载转速

定子两相绕组加上额定电压，电动机不带任何负载时的转速称为空载转速 n_0，空载转速与电动机的极数有关。由于电动机本身阻转矩的影响，空载转速略低于同步速。

6. 额定输出功率

当电动机处于对称状态时，输出功率 P_2 随转速 n 变化的情况如图 3-13 所示。当转速接近空载转速 n_0 的一半时，输出功率最大。通常就把这点规定为交流伺服电动机的额定状态。

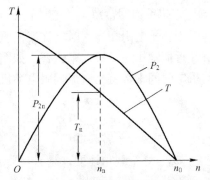

图 3-13 伺服电动机的额定状态

电动机可以在这个状态下长期连续运转而不过热。这个最大的输出功率就是电动机的额定功率 P_{2n}，对应这个状态下的转矩和转速称为额定转矩 T_n 和额定转速 n_n。

3.2 交流伺服系统

3.2.1 交流伺服系统组成

交流伺服系统如图 3-14 所示，通常由交流伺服电动机，功率变换器，速度、位置传感器及位置、速度、电流控制器等组成。

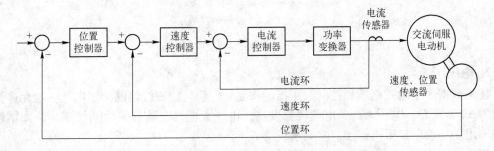

图 3-14 交流伺服系统

交流伺服系统具有电流反馈、速度反馈和位置反馈的三闭环结构形式，其中电流环和速度环为内环（局部环），位置环为外环（主环）。电流环的作用是使电动机绕组电流实时、准确地跟踪电流指令信号，限制电枢电流在动态过程中不超最大值，使系统具有足够大的加速转矩，提高系统的快速性。速度环的作用是增强系统抗负载扰动的能力，抑制速度波动，实现稳态无静差。位置环的作用是保证系统静态精度和动态跟踪的性能，这直接关系到交流伺服系统的稳定性和能否高性能运行，是设计的关键所在。

当传感器检测的是电动机输出轴的速度、位置时，系统称为半闭环系统；当检测的是负载的速度、位置时，称为闭环系统；当同时检测输出轴和负载的速度、位置时，称为多重反馈闭环系统。

1. 交流伺服电动机

交流伺服电动机的电动机本体为三相永磁同步电动机或三相笼型感应电动机，其功率变换器采用三相电压型 PWM 逆变器。在数十瓦的小容量交流伺服系统中，也有采用电压控制两相高阻值笼型感应电动机作为执行元件的，这种系统称为两相交流伺服系统。

采用三相永磁同步电动机的交流伺服系统，相当于把直流电动机的电刷和换向器置换成由功率半导体器件构成的开关，因此又称为无刷直流伺服电动机；交流伺服电动机单指采用了三相笼型感应电动机的伺服电动机，当把两者都叫作交流伺服电动机时，通常称前者为同步型交流伺服电动机，称后者为感应型交流伺服电动机。

（1）同步型交流伺服电动机

交流伺服电动机中最为普及的是同步型交流伺服电动机，其励磁磁场由转子上的永磁体产生，通过控制三相电枢电流，使其合成电流矢量与励磁磁场正交而产生转矩。由于只需控制电枢电流就可以控制转矩，因此比感应型交流伺服电动机控制简单。而且利用永磁体产生励磁磁场，特别是数千瓦的小容量同步型交流伺服电动机比感应型效率更高。

在伺服系统中，有时要求在出现异常时进行制动，由于同步型交流伺服电动机的转子上有永磁体，故用接触器和电阻把电枢绕组短路，就可以实现制动。

（2）感应型交流伺服电动机

近年来，随着电力电子技术、微处理器技术与磁场定向控制技术的快速发展，使感应电动机可以达到与他励式直流电动机相同的转矩控制特性，再加上感应电动机本身价格低廉、结构坚固及维护简单，因此感应电动机在高精密速度及位置控制系统中得到越来越广泛的应用。

感应型交流伺服电动机的转矩控制比同步型复杂，但是电动机本身结构坚固，主要应用于较大功率的伺服系统中。

2. 功率变换器

交流伺服系统功率变换器的主要功能是根据控制电路的指令，将电源单元提供的直流电能转变为伺服电动机电枢绕组中的三相交流电流，以产生所需要的电磁转矩。功率变换器主要包括功率变换主电路、控制电路、驱动电路等。

功率变换主电路主要由整流电路、滤波电路和逆变电路三部分组成。为了保证逆变电路的功率开关器件能够安全、可靠地工作，对于高压、大功率的交流伺服系统，有时需要有抑制电压、电流尖峰的"缓冲电路"。另外，对于频繁运行于快速正反转状态的伺服系统，还需要有消耗多余再生能量的"制动电路"。

控制电路主要由运算电路、PWM 生成电路、检测信号处理电路、输入输出电路、保护电路等构成，其主要作用是完成对功率变换主电路的控制和实现各种保护功能等。

驱动电路的主要作用是根据控制信号对功率半导体开关器件进行驱动，并为交流伺服电动机及其控制器件提供保护，主要包括开关器件的前级驱动电路和辅助开关电源电路等。

3. 传感器

在伺服系统中，需要对伺服电动机的绕组电流及转子速度、位置进行检测，以构成电流环、速度环和位置环，因此需要相应的传感器及其信号变换电路。

电流检测通常采用电阻隔离检测或霍尔电流传感器。直流伺服电动机只需一个电流环，而交流伺服电动机（两相交流伺服电动机除外）则需要两个或三个电流环。其构成方法也有两种：一种是交流电流直接闭环；另一种是把三相交流变换为旋转正交双轴上的矢量之后再闭环，这就需要把电流传感器的输出信号进行坐标变换的接口电路。

速度检测可采用无刷测速发电机、增量式光电编码器、磁编码器或无刷旋转变压器。

位置检测通常采用绝对式光电编码器或无刷旋转变压器，也可采用增量式光电编码器进行位置检测。由于无刷旋转变压器具有既能进行转速检测又能进行绝对位置检测的优点，且抗机械冲击性能好，可在恶劣环境下工作，在交流伺服系统中的应用日趋广泛。

4. 控制器

在交流电动机伺服系统中，控制器的设计直接影响着伺服电动机的运行状态，从而在很大程度上决定了整个系统的性能。

交流电动机伺服系统通常有两类，一类是速度伺服系统；另一类是位置伺服系统。前者的伺服控制器主要包括电流（转矩）控制器和速度控制器，后者还要增加位置控制器。其中电流（转矩）控制器是最关键的环节，因为无论是速度控制还是位置控制，最终都将转化为对电动机的电流（转矩）控制。电流环的响应速度要远远大于速度环和位置环。为了保证电动机定子电流响应的快速性，电流控制器的实现不应太复杂，这就要求其设计方案必须恰当，使其能有效地发挥作用。对于速度和位置控制，由于其时间常数较大，因此可借助计算机技术实现许多较复杂的基于现代控制理论的控制策略，从而提高伺服系统的性能。

（1）电流控制器

电流环由电流控制器和逆变器组成，其作用是使电动机绕组电流实时、准确地跟踪电流指令信号。为了能够快速、精确地控制伺服电动机的电磁转矩，在交流伺服系统中，需要分别对永磁同步电动机（或感应电动机）的直轴 d（或 M 轴）和交轴 q（或 T 轴）电流进行控制。q 轴（或 T 轴）电流指令来自于速度环的输出；d 轴（或 M 轴）电流指令直接给定，或者由磁链控制器给出。将电动机的三相反馈电流进行 3/2 旋转变换，得到 d、q 轴（或 M、T 轴）的反馈电流。d、q 轴（或 M、T 轴）的给定电流和反馈电流的差值，通过电流控制器得到给定电压，再根据 PWM 算法产生 PWM 信号。

（2）速度控制器

速度环的作用是保证电动机的转速与速度指令值一致，消除负载转矩扰动等因素对电动机转速的影响。速度指令与反馈的电动机实际转速相比较，其差值通过速度控制器直接产生 q 轴（或 T 轴）指令电流，并进一步与 d 轴（或 M 轴）电流指令共同作用，控制电动机加速、减速或匀速旋转，使电动机的实际转速与指令值保持一致。速度控制器通常采用的是 PI 控制方式，对于动态响应、速度恢复能力要求特别高的系统，可以考虑采用变结构（滑模）控制方式或自适应控制方式等。

（3）位置控制器

位置环的作用是产生电动机的速度指令并使电动机准确定位和跟踪。通过比较设定的目标位置与电动机的实际位置，利用其偏差通过位置控制器来产生电动机的速度指令，当电动机起动后在大偏差区域，产生最大速度指令，使电动机加速运行后以最大速度恒速运行；在小偏差区域，产生逐次递减的速度指令，使电动机减速运行直至最终定位。为避免超调，位置环的控制器通常设计为单纯的比例（P）调节器。为了系统能实现准确的等速跟踪，位置环还应设置前馈环节。

3.2.2　交流伺服系统的类型

交流伺服系统的分类方法有多种，按控制方式分类，与一般伺服系统相同，有开环伺服系统、闭环伺服系统和半闭环伺服系统；按伺服系统控制信号的处理方法分，有模拟控制方式、数字控制方式、数字 – 模拟混合控制方式和软件伺服控制方式等。

1. 模拟控制方式

模拟控制交流伺服系统的显著标志是其调节器及各主要功能单元由模拟电子器件构成，偏差的运算及伺服电动机的位置信号、速度信号均用模拟信号来控制。系统中的输入指令信号、输出控制信号及转速和电流检测信号都是连续变化的模拟量，因此控制作用是连续施加于伺服电动机上的。

模拟控制方式的特点是：

1）控制系统的响应速度快，调速范围宽。

2）易于与常见的输出模拟速度指令的 CNC（Computerized Numerical Control）接口。

3）系统状态及信号变化易于观测。

4）系统功能由硬件实现，易于掌握，有利于使用者进行维护、调整。

5）模拟器件的温漂和分散性对系统的性能影响较大，系统的抗干扰能力较差。

6）难以实现较复杂的控制算法，系统缺少柔性。

2. 数字控制方式

数字控制交流伺服系统的明显标志是其调节器由数字电子器件构成，目前普遍采用的是微处理器、数字信号处理器（DSP）及专用 ASIC（Application Specific Integrated Circuit）芯片。系统中的模拟信号需经过离散化后，以数字量的形式参与控制。以微处理器技术为基础的数字控制方式的特点是：

1）系统的集成度较高，具有较好的柔性，可实现软件伺服。

2）温度变化对系统的性能影响小，系统的重复性好。

3）易于应用现代控制理论，实现较复杂的控制策略。

4）易于实现智能化的故障诊断和保护，系统具有较高的可靠性。

5）易于与采用计算机控制的系统相接。

3. 数字 – 模拟混合控制方式

由于数字控制方式的响应速度由微处理器的运算速度决定，在现有技术条件下，要实现包括电流调节器在内的全数字控制，就必须采用 DSP 等高性能微处理器芯片，这导致全数字控制系统结构复杂、成本较高。为满足电流调节快速性的要求，全数字控制永磁交流伺服系统产品中，电流调节器虽已数字化，但其控制策略一般仍采用 PID 调节方式。同时，考虑到系统中模拟传感器（如电流传感器）的温漂和信号噪声的干扰及其数字化时引入的误差的影响，全数字化控制在性价比上并没有明显的优势。

目前永磁交流伺服系统产品中常用的是数模混合式控制方式，即伺服系统的内环调节器（如电流调节器）采用模拟控制，外环调节器（如速度调节器和位置调节器）采用数字控制。数模混合式控制兼有数字控制的高精度、高柔性和模拟控制的快速性、低成本的优点，成为现有技术条件下满足机电一体化产品发展对高性能伺服驱动系统需求的一种较理想的伺服控制方式，在数控机床和工业机器人等机电一体化装置中得到了较为广泛的应用。

4. 软件伺服控制方式

位置与速度反馈环的运算处理全部由微处理器进行处理的伺服控制，称为软件伺服控制。

伺服控制时，脉冲编码器、测速发电机检测到的电动机转角和速度信号输入到微处理器内，微处理器中的运算程序对上述信号按照采样周期进行运算处理后，发出伺服电动机的驱动信号，对系统实施伺服控制。这种伺服控制方法不但硬件结构简单，而且软件可以灵活地对伺服系统做各种补偿。但是，因为微处理器的运算程序直接插入到伺服系统中，所以若采样周期过长，对伺服系统的特性就有影响，不但会使控制性能变差，还会使伺服系统变得不稳定。这就要求微处理器具有高速运算和高速处理的能力。

基于微处理器的全数字伺服（软件伺服）控制器与模拟伺服控制器相比，具有以下优点：

1）控制器硬件体积小、成本低。随着高性能、多功能微处理器的不断涌现，伺服系统的硬件成本变得越来越低。体积小、重量轻、耗能少是数字类伺服控制器的共同优点。

2）控制系统的可靠性高。集成电路和大规模集成电路的平均无故障时间（MTBF）远比分立元件电子电路要长；在电路集成过程中采用有效的屏蔽措施，可以避免主电路中过大的瞬态电流、电压引起的电磁干扰问题。

3）系统的稳定性好、控制精度高。数字电路温漂小，也不存在参数的影响。

4）硬件电路标准化容易。可以设计统一的硬件电路，软件采用模块化设计、组合构成适用于各种应用对象的控制算法，以满足不同的用途。软件模块可以方便地增加、更改、删减，或者当实际系统变化时彻底更新。

5）系统控制的灵活性好，智能化程度高。高性能微处理器的广泛应用，使信息的双向传递能力大大增强，容易和上位机联网运行，可随时改变控制参数；提高了信息监控、通信、诊断、存储及分级控制的能力，使伺服系统趋于智能化。

6）控制策略的更新、升级能力强。随着微处理器芯片运算速度和存储器容量的不断提高，性能优异但算法复杂的控制策略有了实现的基础，为高性能伺服控制策略的实现提供了可能性。

3.3 交流电动机的速度控制

3.3.1 交流传动与交流伺服

交流电动机控制系统是以交流电动机为执行元件的位置、速度或转矩控制系统的总称。

按照传统的习惯，只进行转速控制的系统称为"传动系统"，而能实现位置控制的系统称为"伺服系统"。

交流传动系统通常用于机械、矿山、冶金、纺织、化工、交通等行业，其使用最为普遍。交流传动系统一般以感应电动机为对象，变频器是当前最为常用的控制装置。交流伺服系统主要用于数控机床、机器人、航天航空等需要大范围调速与高精度位置控制的场合，其控制装置为交流伺服驱动器，驱动电动机为专门生产的交流伺服电动机。

调速是交流传动与交流伺服系统的共同要求。根据前面交流伺服电动机工作原理分析，电动机的实际转速为

$$n = \frac{60f(1-s)}{p} \tag{3-8}$$

由式（3-8）可知，改变三个参数中的任意一个，均可改变电动机的转速，因此，交流电机的常用的调速方法有变极（p）调速、变转差（s）调速和变频（f）调速。

3.3.2 交流电动机速度调节

1. 变极调速

变极调速通过转换感应电动机的定子绕组的接线方式（Y－YY、△－YY），变换了电动机的磁极数，改变的是电动机的同步转速，它只能进行有限级（一般为2级）变速，故只能用于简单变速或辅助变速，且需要使用专门的变极电动机。

2. 变转差调速

变转差调速系统主要由定子调压、转子变阻、滑差调节、串级调速等装置组成。因此变转差调速又可分为定子调压调速、转子变阻调速和串级调速等方式。由于组成装置均为大功率部件，其体积大、效率低、成本高，且调速范围、调速精度、经济性等指标均较低。因此，随着变频器、交流伺服驱动器的应用与普及，变频调速已经成为交流电动机调速技术的发展趋势。

3. 变频调速

交流伺服系统的速度调节同样可采用变频技术，但使用的是中小功率交流永磁同步电动机，可实现电动机位置（转角）、转速、转矩的综合控制。与感应电动机相比，交流伺服电动机的调速范围更大、调速精度更高、动态特性更好。但由于永磁同步电动机的磁场无法改变，因此，原则上只能用于机床的进给驱动、起重机等恒转矩调速的场合。很少用于诸如机床主轴、卷取控制等恒功率调速的场合。

对交流电动机控制系统来说，无论速度控制还是位置或转矩控制，都需要调节电动机转速，因此，变频是所有交流电动机控制系统的基础，而电力电子器件、晶体管脉宽调制（PWM）技术、矢量控制理论则是实现变频调速的关键技术。

3.3.3 交流调速技术

1. 晶闸管调压调速技术

晶闸管调压调速控制系统的结构如图3-15所示（图中ST为转速调节器，CF为触发器，SF为转速反馈环节，G为测速发电机）。通过晶闸管调压电路改变感应电动机的定子电压，从而改变磁场的强弱，使转子产生的感应电动势发生相应变化，因而转子的短路电流也

发生相应改变，转子所受到的电磁转矩随之变化。如果电磁转矩大于负载转矩，则电动机加速；反之，电动机减速。该技术主要应用于短时或重复短时调速的设备上。

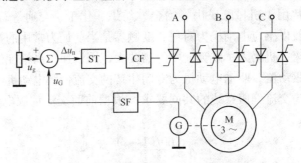

图3-15　晶闸管调压调速原理图

图3-15的电路是采用Y联结的三相调压电路，控制方式为转速负反馈的闭环控制。反馈电压 u_G 与给定电压 u_g 比较得到转速差电压 Δu_n，用 Δu_n 通过转速调节器控制晶闸管的导通角。改变 u_g 的值即可改变感应电动机的定子电压和电动机的转速，当 $u_g > u_G$，调压器的控制角因 $\Delta u_n = u_g - u_G$ 的增加而变小，输出电压提高，转速升高，至 $u_g = u_G$ 才会稳定转速；反之上述过程向反方向进行。

闭环调压调速系统可得到比较硬的机械特性，如图3-16所示。当电网电压或负载转矩出现波动时，转速不会因扰动出现大幅度波动。当转差率 $s = s_1$（图中 a 点）时，随着负载转矩由 T_1 变为 T_2 时，若是开环控制，转速将下降到 b 点；若是闭环控制，随着转速下降，u_G 下降而 u_g 不变，则 Δu_n 变大，调压器的控制角前移，输出电压由 u_1 上升到 u_2，电动机的转速将上升到 c 点，这对减少低速运行时的静差度、增大调速范围是有利的。

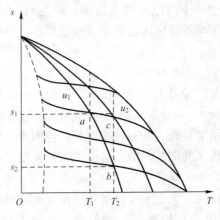

图3-16　速度－转矩特性

晶闸管调压调速在低速时感应电动机的转差功率损耗大，运行效率低，调速性能差；采用相位控制方式时，电压为非正弦，电动机电流中存在着较大的高次谐波，电动机将产生附加谐波损耗，电磁转矩也会因谐波的存在而发生脉动，对它的输出转矩有较大的影响。因此，晶闸管电压调速往往只能用在有限的场合。

2. 转子串电阻调速技术

转子串电阻调速是改变转子的电阻大小进而调节交流电动机的转速。对于线绕式交流异步电动机，如果在转子回路中串联附加电阻，电动机的工作特性也将变软，但由于定子绕组上的输入电压没有改变，因此电动机能够承受的最大转矩基本得到维持。从机械特性来看，电磁转矩与转子等效电阻有非线性的关系，改变其大小会改变电磁转矩的值，从而实现调速。

这种调速方法虽然简单方便，却存在着以下缺点：

1）串联电阻通过的电流较大，难以采用滑线方式，更无法以电气控制的方式进行控制，因此调速只能是有级的。

2）串联较大附加电阻后，电动机的机械特性变得很软。低速运转时，只要负载稍有变化，转速的波动就很大。

3）电动机在低速运转时，效率甚低，电能损耗很大。异步电动机经气隙传送到转子的电磁功率中只有一部分成为机械输出功率，其他则被串联在转子回路中的电阻所消耗，以发热的形式浪费掉了。

因此，转子串电阻调速方式的工作总效率往往要低于50%，而且转速愈低，效率更差。从节能的角度来评价的话，这种调速方法性能很低劣。对于大、中容量的绕线转子异步电动机，若要求长期在低速下运转，不宜采用这种低效率的能耗调速方法。

3. 晶闸管串级调速技术

若在转子回路串电阻调速原理的基础上，使电动机转子回路串联接入与转子电势同频率的附加电势，通过改变该电势的幅值和相位，同样也可实现调速。这样，电动机在低速运转时，转子中的转差功率只是小部分在转子绕组本身的内阻上消耗掉，而转差功率的大部分被串入的附加电势所吸收，利用产生装置，将所吸收的这部分转差功率回馈入电网，就能够使电动机在低速运转时仍具有较高的效率。这种方法就称为串级调速方法。

图3-17为晶闸管串级调速系统主回路的接线图，在被调速电动机 M 的转子绕组回路上接入一个受三相桥式晶闸管网络控制的直流－交流逆变电路，使电动机根据需要将运转中的一部分能量回馈到供电电网中去，同时达到调速的目的。

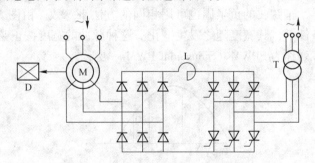

图3-17　晶闸管串级调速系统主回路

D—电动机的负载；T—三相隔离变压器

4. 变频调速技术

交流电的交变频率是决定交流电动机工作转速的基本参数。因此，直接改变和控制供电频率应当是控制交流伺服电动机的最有效方法，它直接调节交流电动机的同步转速，控制的切入点最直接而明确，变频调速的调速范围宽，平滑性好，具有优良的动、静态特性，是一种理想的高效率、高性能的调速手段。

对交流电动机进行变频调速，需要一套变频电源，过去大多采用旋转变频发电机组作为电源，但这些设备庞大、可靠性差。随着晶闸管及各种大功率电力电子器件如：GTR、GTO、MOSFET、IGBT 等的问世，各种静止变频电源获得了迅速发展，它们具有重量轻、体积小、维护方便、惯性小和效率高等优点。以普通晶闸管构成的方波形逆变器被全控型高频率开关组成的 PWM 逆变器取代后，正弦波脉宽调制（SPWM）逆变器及其专用芯片得到普遍应用。下面详细叙述 SPWM 逆变器技术。

3.4 正弦波脉宽调制（SPWM）逆变器

为了更好地控制异步电动机的速度，不但要求变频器的输出频率和电压大小可调，而且要求输出波形尽可能接近正弦波。当用一般变频器对异步电动机供电时，存在谐波损耗和低速运行时出现转矩脉动的问题。为了提高电动机的运行性能，要求采用对称的三相正弦波电源为三相交流电动机供电。因而人们期望变频器输出波形为纯粹的正弦波形。随着电力电子技术的发展，各种半导体开关器件的可控性和开关频率获得了很大的发展，使得这种期望得以实现。

3.4.1 工作原理

在采样控制理论中有一个重要结论，冲量（窄脉冲的面积）相等而形状不同的窄脉冲加在具有惯性的环节上时，其效果基本相同。该结论是 PWM 控制的重要理论基础。

将图 3-18a 所示的正弦波分成 N 等份，即把正弦半波看成由 N 个彼此相连的脉冲所组成。这些脉冲宽度相等，为 π/N，但幅值不等，其幅值是按正弦规律变化的曲线。把每一等份的正弦曲线与横轴所包围的面积都用一个与此面积相等的等高矩形脉冲来代替，矩形脉冲的中点与正弦脉冲的中点重合，且使各矩形脉冲面积与相应各正弦部分面积相等，就得到如图 3-18b 所示的脉冲序列。根据上述冲量相等效果相同的原理，该矩形脉冲序列与正弦半波是等效的。同样，正弦波的负半周也可用相同的方法来等效。由图 3-18 可见，各矩形脉冲在幅值不变的条件下，其宽度随之发生变化。这种脉冲的宽度按正弦规律变化并和正弦波等效的矩形脉冲序列称为 SPWM（Sinusoidal PWM）波形。

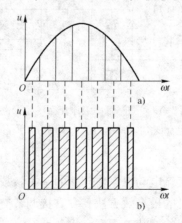

图 3-18　与正弦波等效的等幅脉冲序列波

a）正弦波形；b）等效的正弦波形

图 3-18b 的矩形脉冲系列就是所期望的变频器输出波形，通常将输出为 SPWM 波形的变频器称为 SPWM 型变频器。显然，当变频器各开关器件工作在理想状态下时，驱动相应开关器件的信号也应为与图 3-18b 形状相似的一系列脉冲波形。由于各脉冲的幅值相等，所以逆变器可由恒定的直流电源供电，即变频器中的变流器采用不可控的二极管整流器就可以了。

从理论上讲，这一系列脉冲波形的宽度可以严格地用计算方法求得，作为控制逆变器中各开关器件通断的依据。但在实际运用中以所期望的波形作为调制波，而受它调制的信号称为载波。通常采用等腰三角形作为载波，因为等腰三角波是上下宽度线形对称变化的，当它与任何一条光滑的曲线相交时，在交点的时刻控制开关器件的通断，即可得到一组等幅而脉冲宽度正比于该曲线函数值的矩形脉冲，这正是 SPWM 所需要的结果。

图 3-19a 是 SPWM 变频器的主回路。图中，$VT_1 \sim VT_6$ 为逆变器的 6 个功率开关器件（以 GTR 为例），$VD_1 \sim VD_6$ 为用于处理无功功率反馈的二极管。整个逆变器由三相整流器提供的恒值直流电压供电。图 3-19b 是它的控制电路，一组三相对称的正弦参考电压信号 u_{rA}、u_{rB}、u_{rC} 由参考信号发生器提供，其频率决定逆变器输出的基波频率，应在所要求的输出频率范围内可调；其幅值也可在一定范围内变化，以决定输出电压的大小。三角波载波信号 u_t 是共用的，分别与每相参考电压比较后，给出"正"或"零"的饱和输出，产生 SPWM 脉冲序列波 u_{dA}、u_{dB}、u_{dC}，作为逆变器功率开关器件的输出控制信号。

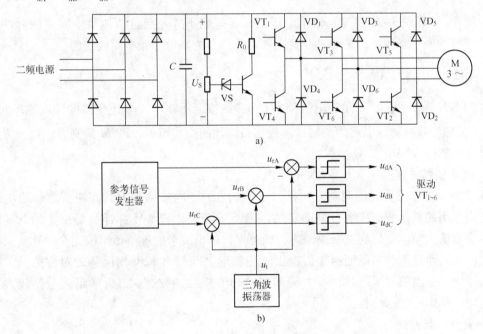

图 3-19 SPWM 变频器电路原理图

a）主回路 b）控制电路

控制方式可以是单极式，也可以是双极式。采用单极式控制时，在正弦波的半个周期内，每相只有一个功率开关开通或关断。其调制情况如图 3-20 所示，首先由同极性的三角波调制电压 u_t 与参考电压 u_r 比较，如图 3-20a 所示，产生单极性的 SPWM 脉冲波如图 3-20b 所示，负半周用同样方法调制后再倒向而成，如图 3-20c、d 所示。

采用双极式控制时，在同一桥臂上下两个功率开关交替通断，处于互补的工作方式，其调制情况如图 3-21 所示。

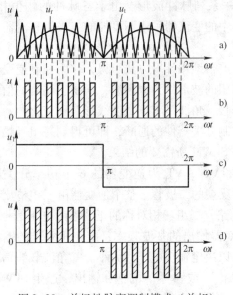

图 3-20 单极性脉宽调制模式（单相）

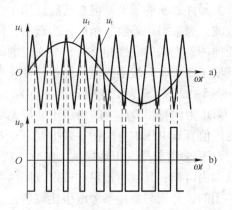

图 3-21 双极性脉宽调制模式（单相）

由图 3-20 和图 3-21 可见，输出电压波形是等幅不等宽而且两侧窄中间宽的脉冲，输出基波电压的大小和频率，是通过改变正弦参考信号的幅值和频率而改变的。

3.4.2 调制方式

在 SPWM 逆变器中，三角波电压频率 f_t 与参照波电压频率（即逆变器的输出频率）f_r 之比 $N = f_t / f_r$ 称为载波比，也称为调制比。根据载波比的变化与否，PWM 调制方式可分为同步式、异步式和分段同步式。

1. 同步调制方式

载波比 N 等于常数时的调制方式称同步调制方式。同步调制方式在逆变器输出电压每个周期内采用的三角波电压数目是固定的，因而所产生的 SPWM 脉冲数是一定的。其优点是在逆变器输出频率变化的整个范围内，皆可保持输出波形的正、负半波完全对称，只有奇次谐波存在，而且能严格保证逆变器输出三相波形之间具有 120°相位移的对称关系。缺点是：当逆变器输出频率很低时，每个周期内的 SPWM 脉冲数过少，低频谐波分量较大，使负载电动机产生转矩脉动和噪声。

2. 异步调制方式

为消除上述同步调制的缺点，可以采用异步调制方式。即在逆变器的整个变频范围内，载波比 N 不是一个常数。一般在改变参照波频率 f_r 时保持三角波频率 f_t 不变，因而提高了低频时的载波比，这样逆变器输出电压每个周期内 PWM 脉冲数可随输出频率的降低而增加，相应地可减少负载电动机的转矩脉动与噪声，改善了调速系统的低频工作特性。但异步控制方式在改善低频工作性能的同时，又失去了同步调制的优点。当载波比 N 随着输出频率的降低而连续变化时，它不可能总是 3 的倍数，势必使输出电压波形及其相位都发生变化，难以保持三相输出的对称性，因而引起电动机工作不平稳。

3. 分段同步调制方式

实际应用中，多采用分段同步调制方式，它集同步和异步调制方式之所长，克服了两者的不足。在一定频率范围内采用同步调制，以保持输出波形对称的优点，在低频运行时，使载波比有级地增大，以采纳异步调制的长处，这就是分段同步调制方式。具体地说，把整个变频范围划分为若干频段，在每个频段内都维持 N 恒定，对不同的频段取不同的 N 值，频率低时，N 值取大些。采用分段同步调制方式，需要增加调制脉冲切换电路，从而增加控制电路的复杂性。

3.4.3 SPWM 波的形成

SPWM 波就是根据三角载波与正弦调制波的交点来确定功率器件的开关时刻，从而得到其幅值不变而宽度按正弦规律变化的一系列脉冲。开关点的算法可分为两类：一是采样法，二是最佳法。采样法是从载波与调制波相比较产生 SPWM 波的思路出发，导出开关点的算法，然后按此算法实时计算或离线算出开关点，通过定时控制，发出驱动信号的上升沿或下降沿，形成 SPWM 波。最佳法则是预先通过某种指标下的优化计算，求出 SPWM 波的开关点，其突出优点是可以预先去掉指定阶次的谐波。最佳法计算的工作量很大，一般要先离线算出最佳开关点，以表格形式存入内存，运行时再查表进行定时控制，发出 SPWM 信号。

通常产生 SPWM 波形的方法主要有两种：一种是利用微处理器计算查表得到，它常需复杂的算法；另一种是利用专用集成电路（ASIC）来产生 PWM 脉冲，不需或只需少量编程，使用起来较为方便。如 MOTTOROLA 公司生产的交流电动机微控制器集成芯片 MC3PHAC，就是为满足三相交流电动机变速控制系统需求专门设计的。其引脚排列如图 3-22 所示。

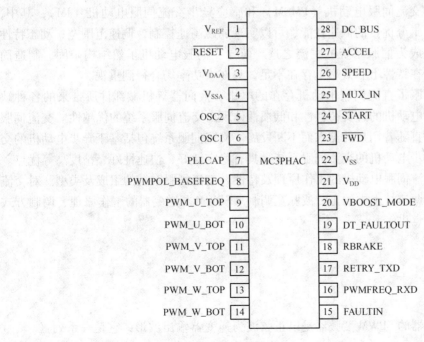

图 3-22　MC3PHAC 引脚排列

MC3PHAC 有 3 种封装方式，图 3-22 采用的是 28 个引脚的 DIP 封装。MC3PHAC 主要组成部分有：引脚 9 ~ 14 组成了 6 个输出脉冲宽度调制器（PWM）驱动输出端；MUX_IN、SPEED、ACCEL 和 DC_BUS 在标准模式下为输出引脚，指示 PWM 的极性和基频，在其他情况为模拟量输入，MC3PHAC 内置 4 通道模拟/数字转换器（ADC）；PWMFREQ_RXD、RE-TRY_TXD 为串行通信接口引脚；引脚 OSC1 和 OSC2 组成了锁相环（PLL）系统振荡器和低功率电源电压检测电路。

芯片 MC3PHAC 能实现三相交流电动机 V/F 开环速度控制、正/反转、起/停运动、系统故障输入、低速电压提升和上电复位（POR）等控制功能。该器件有如下特点：

（1）V/F 速度控制。MC3PHAC 可按需要提升低速电压，调整 V/F 速度控制特性。

（2）DSP（数字信号处理器）滤波。

（3）32 bit 运算，使速度分辨率增大 4 MHz，高精度操作得到平滑运行。

（4）6 输出脉宽调制器（PWM）。

（5）三相波形输出：MC3PHAC 产生控制三相交流电动机需要的六个 PWM 信号。三次谐波信号叠加到基波频率上，充分利用总线电压，和纯正弦波调制相比较，最大输出幅值增加 15%。

（6）4 通道模拟/数字转换器（ADC）。

（7）串行通信接口（SCI）。

（8）欠电压检测。

3.5 本章小结

交流伺服系统是用交流伺服电动机作为执行元件的伺服系统。在交流伺服系统中，电动机的类型有永磁同步交流伺服电动机（PMSM）和感应异步交流伺服电动机（IM），其中，永磁同步电动机具备十分优良的低速性能、可以实现弱磁高速控制，调速范围宽、动态特性和效率都很高，已经成为伺服系统的主流之选。而异步伺服电动机虽然结构坚固、制造简单、价格低廉，但是在特性上和效率上存在不足，只在大功率场合得到重视。

交流伺服系统克服了直流伺服电动机存在的电刷、换向器等机械部件所带来的各种缺点，特别是交流伺服电动机的过负荷特性和低惯性体现出交流伺服系统的优越性。交流伺服系统的相关技术，一直随着用户的需求而不断发展。交流伺服系统包括基于异步电动机的交流伺服系统和基于同步电动机的交流伺服系统，具有稳定性好、快速性好、精度高等优点。

本章主要介绍交流伺服电动机的工作原理及特性，交流伺服系统的组成及类型。对交流调速相关技术和变频调速技术中的正弦波脉宽调制（SPWM）逆变器的工作原理、调制方式和形成技术进行了重点讲解。

3.6 测试题

一、选择题

1. 带二极管整流器的 SPWM 变频器是以正弦波为逆变器输出波形，它是一系列（　　）的矩形波。

A. 幅值不变，宽度可变　　　　　　　　B. 幅值可变，宽度不变

C. 幅值不变，宽度不变　　　　　　　　D. 幅值可变，宽度可变

2. 绕线转子异步电动机双馈调速，如原处于低同步电动运行，在转子侧加入与转子反电动势相位相同的反电动势，而负载为恒转矩负载，则（　　）。

A. $0 < S < 1$，输出功率低于输入功率　　B. $S < 0$，输出功率高于输入功率

C. $0 < S < 1$，输出功率高于输入功率　　D. $S < 0$，输出功率低于输入功率

3. 普通串级调速系统中，逆变角 β 上升，则（　　）。

A. 转速上升，功率因数下降　　　　　　B. 转速下降，功率因数上升

C. 转速上升，功率因数上升　　　　　　D. 转速下降，功率因数下降

4. 绕线转子异步电动机双馈调速，如原处于低同步电动运行，在转子侧加入与转子反电动势相位相同的反电动势，而负载为恒转矩负载，则（　　）。

A. $n < n_1$，输出功率低于输入功率　　　B. $n < n_1$，输出功率高于输入功率

C. $n > -n_1$，输出功率高于输入功率　　D. $n > n_1$，输出功率低于输入功率

（注：n 为电动机实际转速，n_1 为电动机同步转速）

5. 与矢量控制相比，直接转矩控制（　　）。

A. 调速范围宽　　　　　　　　　　　　B. 控制性能受转子参数影响大

C. 计算复杂　　　　　　　　　　　　　D. 控制结构简单

6. 下列不属于自动控制系统对交流伺服电动机的要求的是（　　）。

A. 转速和转向应方便地受控制信号的控制，调速范围要大

B. 整个运行范围内的特性应接近线性关系，保证运行的稳定性

C. 控制功率和起动力矩应大

D. 机电时间常数要小，起动电压要低

7. 下列不属于以微处理器技术为基础的数字控制方式的特点是（　　）。

A. 系统的集成度较高，具有较好的柔性

B. 温度变化对系统的性能影响大

C. 易于应用现代控制理论，实现较复杂的控制策略

D. 易于实现智能化的故障诊断和保护，系统具有较高的可靠性。

8. 基于微处理器的全数字伺服（软件伺服）控制器不具备的特点是（　　）。

A. 控制器硬件体积小、成本低

B. 控制系统的可靠性高。

C. 系统的稳定性好、控制精度高。

D. 硬件电路复杂，不易标准化

二、填空题

1. 交流伺服电动机的结构主要可分为＿＿＿＿和＿＿＿＿，转子的常用结构有＿＿＿＿和＿＿＿＿。

2. 交流伺服系统通常由＿＿＿＿，功率变换器，＿＿＿＿及位置、速度、电流控制器等组成。交流伺服系统具有＿＿＿＿、＿＿＿＿和＿＿＿＿的三闭环结构形式。

3. 功率变换器主要包括＿＿＿＿、＿＿＿＿、＿＿＿＿等。

4. 交流电动机伺服系统通常有两类，一类是＿＿＿＿伺服系统；另一类为＿＿＿＿伺

服系统。

5. 交流伺服系统按伺服系统控制信号的处理方法可分为_____、_____、_____和_____等。

6. 交流电动机的常用调速方法有_____、_____和_____。

7. 常用的交流调速技术有_____、_____、_____和_____。

8. 根据载波比的变化与否，PWM调制方式可分为_____、_____和_____。

三、判断题

1. 转差频率控制的异步电动机变频调速系统能够仿照直流电动机双闭环系统进行控制，其动态性能能够达到直流双闭环系统的水平。（　　　）

2. SVPWM控制方法的直流电压利用率比一般SPWM提高了15%。（　　　）

3. 串级调速系统的容量随着调速范围的增大而下降。（　　　）

4. 交流调压调速系统属于转差功率回馈型交流调速系统。（　　　）

5. 普通串级调速系统是一类高功率因数、低效率的仅具有有限调速范围的转子变频调速系统。（　　　）

6. 永磁同步电动机自控变频调速系统中，需增设位置检测装置保证转子转速与供电频率同步。（　　　）

7. 交流调压调速系统属于转差功率不变型交流调速系统。（　　　）

8. 转差频率矢量控制系统没有转子磁链闭环。（　　　）

9. 在串级调速系统故障时，可短接转子在额定转速下运行，可靠性高。（　　　）

四、简答题

1. 请问交流伺服电动机和无刷直流伺服电动机在功能上有什么区别？

2. 永磁交流伺服电动机同直流伺服电动机比较，主要优缺点有哪些？

3. 交流伺服电动机的理想空载转速为何总是低于同步转速？

4. 当控制电压变化时，电动机的转速为何能发生变化？

5. 交流伺服电动机的转子电阻为什么都选得相当大？如果转子电阻选得过大又会产生什么影响？

6. 交流伺服系统主要包括哪几个闭环结构，各部分的作用是什么？

7. 交流伺服系统中的电流检测如何实现？常用方法有哪些？

8. 什么是SPWM波形？产生SPWM波形的方法有哪些？

第4章 变频器基础知识

【导学】

📖 什么是变频器？它有什么作用？

变频器是一种通过改变供电频率来改变同步转速、实现感应电动机调速的一种装置，变频器的应用可以节约能量。在传统能源日益减少的情况下，与节约能源相关的产品备受关注，由于电动机的节能是目前最具潜力的节能领域，所以变频器是最具有代表性的节能产品。

随着生产技术要求的提高，变频器技术也在不断进步、不断创新。这种生产要求与技术进步的互动，使得变频器技术迅猛发展，成为自动化领域最热点之一。

本章主要介绍变频器的工作原理、基本结构、主要类型、控制技术和常见的控制方式等基础知识。

【学习目标】

1）了解变频器的基本概念。
2）理解变频器的电路结构及工作原理。
3）掌握变频器的不同类型及应用。
4）理解变频控制技术的工作原理及特点。
5）掌握变频器的不同控制方式及应用。

4.1 变频器

4.1.1 变频器的概念

通俗地讲，变频器就是一种静止式的交流电源供电装置，其功能是将工频交流电（三相或单相）变换成频率连续可调的三相交流电源。

精确的概念描述为：利用电力电子器件的通断作用将电压和频率固定不变的工频交流电源变换成电压和频率可变的交流电源，供给交流电动机实现软启动、变频调速、提高运转精度、改变功率因数、过流/过压/过载保护等功能的电能变换控制装置称作变频器，其英文简称为 VVVF（Variable Voltage Variable Frequency）。

变频器的控制对象是三相交流异步电动机和同步电动机，标准适配电动机级数是 2/4 级。变频电气传动的优势有：

1）平滑软启动，降低起动冲击电流，减少变压器占有量，确保电动机安全。
2）在机械允许的情况下可通过提高变频器的输出频率提高工作速度。
3）无级调速，调速精度大大提高。

4）电动机正反向无需通过接触器切换。

5）方便接入通信网络控制，实现生产自动化控制。

4.1.2 变频器的分类与特点

变频器的分类有以下几种形式。

1. 按直流电源的性质分类

变频器中间直流环节用于缓冲无功功率的储能元件可以是电容或是电感，据此变频器可分成电压型变频器和电流型变频器两大类。

（1）电流型变频器

电流型变频器的特点是中间直流环节采用大电感作为储能元件，无功功率将由该电感来缓冲。由于电感的作用，直流电流趋于平稳，电动机的电流波形为方波或阶梯波，电压波形接近于正弦波。直流电源内阻较大，近似于电流源，故称为电流源型变频器或电流型变频器。

电流型变频器的一个较突出的优点是，当电动机处于再生发电状态时，回馈到直流侧的再生电能可以方便地回馈到交流电网，不需要在主电路内附加任何设备。电流型变频器常用于频繁急加减速的大容量电动机的传动。在大容量风机、泵类节能调速中也有应用。

（2）电压型变频器

电压型变频器的特点是中间直流环节的储能元件采用大电容，用来缓冲负载的无功功率。由于大电容的作用，主电路直流电压比较平稳，电动机的端电压为方波或阶梯波。直流电源内阻比较小，相当于电压源，故称为电压源型变频器或电压型变频器。

对负载而言，变频器是一个交流电压源，在不超过容量限度的情况下，可以驱动多台电动机并联运行，具有不选择负载的通用性。缺点是电动机处于再生发电状态时，回馈到直流侧的无功能量难以回馈给交流电网。要实现这部分能量向电网的回馈，必须采用可逆变流器。

2. 按变换环节分类

（1）交 – 交变频器

交 – 交变频器是将工频交流电直接变换成频率电压可调的交流电（转换前后的相数相同），又称直接式变频器。对于大容量、低转速的交流调速系统，常采用晶闸管交 – 交变频器直接驱动低速电动机，可以省去庞大的齿轮减速箱。其缺点是：最高输出频率不超过电网频率的 1/3 ~ 1/2，且输入功率因数较低，谐波电流含量大，谐波频谱复杂，因此必须配置大容量的滤波和无功补偿设备。

近年来，又出现了一种应用全控型开关器件的矩阵式交 – 交变压变频器，在三相输入与三相输出之间用 9 组双向开关组成矩阵阵列，采用 PWM 控制方式，可直接输出变频电压。这种调速方法的主要优点是：

① 输出电压和输入电流的低次谐波含量都较小。

② 输入功率因数可调。

③ 输出频率不受限制。

④ 能量可双向流动，可获得四象限运行。

⑤ 可省去中间直流环节的电容元件。

交-交变频自从20世纪70年代末提出以来，一直受到电力电子学科研工作者的高度重视。

（2）交-直-交变频器

交-直-交变频器是先把工频交流电通过整流器变成直流电，然后再把直流电变换成频率电压可调的交流电，又称间接式变频器。把直流电逆变成交流电的环节较易控制，在频率的调节范围，以及改善变频后电动机的特性等方面，都具有明显的优势。

交-直-交变频采用了多种拓扑结构，如中-低-中方式，其实质上还是低压变频，只不过从电网和电动机两端来看是高压。由于其存在着中间低压环节，所以具有电流大、结构复杂、效率低、可靠性差等缺点。随着中压变频技术的发展，特别是新型大功率可关断器件的研制成功，中-低-中方式具有被逐步淘汰的趋势。

3. 按输出电压调节方式分类

变频调速时，需要同时调节逆变器的输出电压和频率，以保证电动机主磁通的恒定。对输出电压的调节主要有PAM方式和PWM方式两种。

（1）PAM方式

脉冲幅值调制方式（Pulse Amplitude Modulation，PAM）是通过改变直流电压的幅值进行调压的方式。在变频器中，逆变器只负责调节输出频率，而输出电压的调节则由相控整流器或直流斩波器通过调节直流电压实现。此种方式下，系统低速运行时谐波与噪声都比较大，所以当前几乎不采用，只有与高速电动机配套的高速变频器中才采用。采用PAM调压时，变频器的输出电压波形如图4-1所示。

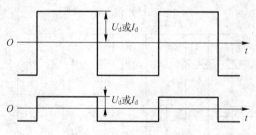

图4-1　PAM调压输出波形

（2）PWM方式

脉冲宽度调制方式（Pulse Amplitude Modulation，PWM）最常见的主电路如图4-2a所示。变频器整流电路采用二极管整流电路，输出频率和输出电压的调节均由逆变器按PWM方式来完成。调压时的波形如图4-2b所示，利用参考电压波 u_R 与载波三角波 u_t 互相比较决定主开关器件的导通时间而实现调压，利用脉冲宽度的改变得到幅值不同的正弦基波电压。这种参考信号为正弦波，输出电压平均值近似正弦波的PWM方式称为正弦PWM方式，又称为正弦PWM调制，简称SPWM（Sinusoidal Pulse Width Modulation）方式。通用变频器中，SPWM方式调压是一种最常采用的方案，在3.4节中已详细介绍。

（3）高载波变频率的PWM方式

此种方式与上述PWM方式的区别仅在于其调制频率有很大提高。主开关器件的工作频率较高，常采用IGBT或MPSFET为主开关器件，开关频率可达10～20kHz，可以大幅度降低电动机的噪声，达到所谓的"静音"水平。图4-3所示为以IGBT为逆变器开关器件的变频器主电路。

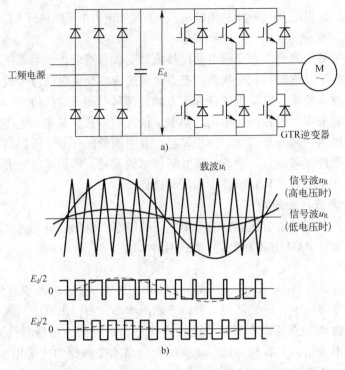

图 4-2　PWM 变频器
a) 主电路；b) 调压时的波形

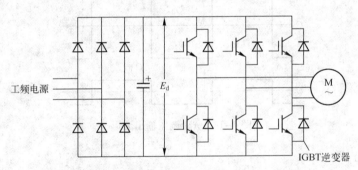

图 4-3　高载波频率 PWM 变频器主电路（IGBT 变频器）

当前此种高载波变频器已成为中小容量通用变频器的主流，性能价格比能达到较满意的水平。

4. 按控制方式分类

（1）U/f 控制

U/f 控制方式即压频比控制，它的基本特点是对变频器输出的电压和频率同时控制，通过保持 U/f 恒定使电动机获得所需要的转矩特性。

U/f 控制是转速开环控制，无需速度传感器，控制电路简单，负载可以是通用标准异步电动机，所以通用性、经济性好，是目前通用变频器产品中使用较多的一种控制方式。

（2）转差频率控制

如果没有任何附加措施，在 U/f 控制方式下，如果负载变化，转速也会随之变化，转速的变化量与转差率成正比。显然，U/f 控制的静态调速精度较差，为了提高调速精度，可采用转差频率控制方式。

与 U/f 控制方式相比，转差频率控制方式的调速精度大为提高，但使用速度传感器求取转差频率，要针对具体电动机的机械特性调整控制参数，因而这种控制方式的通用性较差。

（3）矢量控制

上述 U/f 控制方式和转差频率控制方式的思想都建立在异步电动机的静态数学模型上，因此动态性能指标不高。对于轧钢、造纸设备等对动态性能要求较高的应用，可以采用矢量控制变频器。

采用矢量控制方式的目的，主要是为了提高变频器调速的动态性能。根据交流电动机的动态数学模型，利用坐标变换的手段，将交流电动机的定子电流分解成磁场分量电流和转矩分量电流，并分别加以控制，即模仿自然解耦的直流电动机的控制方式，对电动机的磁场和转矩分别进行控制，以获得类似于直流调速系统的动态性能。

5. 按电压等级分类

变频器按电压等级可分为两类：

（1）低压型变频器

变频器电压等级为 380 ~ 460 V，属低压型变频器。常见的中小容量通用变频器均属此类，单相变频器额定输入电压为 220 ~ 240 V，三相变频器额定输入电压为 220 V 或 380 ~ 400 V，功率 0.2 ~ 500 kW。

（2）高压大容量变频器

通常高（中）压（3、6、10 kV 等级）电动机多采用变极或电动机外配置机械减速方式调速，综合性能不高，在此领域节能及提高调速性能潜力巨大。随着变频技术的发展，高（中）压变频传动也成为自动控制技术的热点。

6. 按用途分类

根据变频器性能及应用范围，可以将变频器分为以下几种类型。

（1）通用变频器

顾名思义，通用变频器的特点是其通用性，可以驱动通用标准异步电动机，应用于工业生产及民用各个领域。随着变频器技术的发展和市场需要的不断扩大，通用变频器也在朝着两个方向发展：低成本的简易型通用变频器和高性能多功能的通用变频器。

简易型通用变频器是一种以节约为主要目的而消减了一些系统功能的通用变频器。它主要应用于水泵、风扇、送风机等对系统的调速性能要求不高的场所，并且有体积小、价格低等方面的优势。

为适应竞争日趋激烈的变频器市场的需要，目前世界上一些大的厂家已经推出了采用矢量控制方式的高性能多功能通用变频器，此类变频器在性能上已经接近以往高端的矢量控制变频器，但在价格上与普通 U/f 控制方式的通用变频器相差不多。

（2）高性能专用变频器

与通用变频器相比，高性能专用变频器基本上采用了矢量控制方式，而驱动对象通常是变频器厂家指定的专用电动机，并且主要应用于对电动机的控制能性要求比较高的系统。此外，高性能专用变频器往往是为了满足某些特定产业或区域的需要，使变频器在该区域中具有最好的性能价格比而设计生产的。例如，在专用于驱动机床主轴的高性能变频器中，为了便于数控装置配合完成各种工作，变频器的主电路、回馈制动电路和各种接口电路等被做成一体，从而达到了缩小体积和降低成本的要求。而在纤维机械驱动方面，为了便于大系统的维修保养，变频器则采用了可以简单地进行拆装的盒式结构。

（3）高频变频器

在超精密加工和高性能机械中，常常要用到高速电动机。为了满足驱动这些高速电动机的需要，出现了采用 PAM 控制方式的高速电动机驱动用变频器。这类变频器的输出频率可以达到 3 kHz，在驱动 2 极异步电动机时，电动机最高转速可达到 180 000 r/min。

（4）小型变频器

为适应现场总线控制技术的要求，变频器必须小型化，与异步电机结合在一起，组成总线上一个执行单元。现在市场上已经出现了迷你型变频器，其功能比较齐全，而且通用性好。例如安川公司的 VS－mini－J7 型变频器，高度只有 128mm，三星公司的 ES、EF、ET 系列产品也是小型变频器。

4.1.3　变频器的电路结构

变频器的电路结构主要包括主电路和控制电路两部分。

1. 主电路

变频器给负载提供调压调频电源的功率变换部分称为变频器的主电路，如图 4-4 所示为典型电压型变频器的主电路。

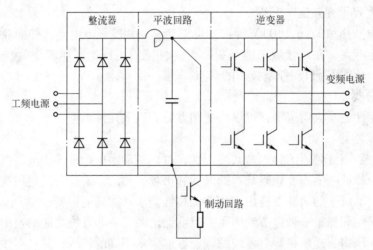

图 4-4　典型电压型变频器的主电路

其主电路由三部分构成，将工频电源变换为直流的整流器、平波回路和逆变器产生的电压脉动的平波回路，以及将直流变换为交流的逆变器。另外，若负载为异步电动机，在变频调速系统需要制动时，还需要附加制动回路。

（1）整流器

变频器一般使用的是二极管整流器，如图 4-4 所示，也可用两组晶体管整流器构成可逆变整流器，由于可逆变整流器功率方向可逆，可以进行再生运行。它与单相或三相交流电源相连接，产生脉动的直流电压，经中间直流环节平波后为逆变电路和控制电路提供所需的直流电源。三相交流电源一般需经过吸收电容和压敏电阻网络引入整流桥的输入端。阻容吸收网络的作用是吸收交流电网的高频谐波信号和浪涌过电压，从而避免损坏变频器。当电源电压为三相 380 V 时，整流器件的最大反向电压一般为 1200～1600 V，最大整流电流为变频器额定电流的两倍。

（2）平波回路

在整流器整流后的直流电压中含有电源 6 倍频的脉动电压，此外，逆变器产生的脉动电流也使直流电压发生变动。为了抑制电压波动，采用电感和电容吸收脉动电压（电流）。对于容量较小的变频器，如果电源和主电路构成器件有余量，可以将平波回路中的电感省去，使电路更加简单。

平波回路有以下三种作用：

1）使脉动的直流电压变得稳定或平滑，供逆变器使用。

2）通过开关电源为各个控制电路供电。

3）可以配置滤波或制动装置以提高变频器的性能。

（3）逆变器

利用晶闸管装置将直流电转变为交流电，这一功能称为逆变。整流和逆变关系密切，若同一套晶闸管装置，可以工作在整流状态，而在一定条件下，又可以工作在逆变状态，常称这一装置为变流器。逆变分为有源逆变和无源逆变（变频），变流器工作在逆变状态时，若把直流电转变为 50Hz 的交流电送到电网，称之为有源逆变；若把直流电转变为某一频率或频率可调的交流电供给负载使用，则称为无源逆变或变频。

逆变电路的作用是在控制电路的作用下，将直流电路输出的直流电源转换成频率和电压都可以任意调节的交流电源。逆变电路的输出就是变频器的输出，所以逆变电路是变频器的核心电路之一，起着非常重要的作用。最常见的逆变电路的结构形式是利用 6 个功率开关器件（GTR、IGBT、GTO 等）组成的三相桥式逆变电路，有规律地控制逆变器中功率开关器件的导通与关断，可以得到任意频率的三相交流输出。

（4）制动回路

异步电动机负载运行于再生制动区域时（转差率为负），再生能量储存于平波回路电容器中，使直流环节电压升高。一般说来，由机械系统（含电动机）惯量积累的能量比电容器能储存的能量大，为抑制直流电路电压上升，需采用制动回路消耗直流电路中的再生能量，制动回路也可采用可逆整流器把再生能量向工频电网反馈。

2. 控制电路

变频器的控制电路是给变频器主电路提供控制信号的回路，变频器控制电路如图 4-5 所示，它将信号传送给整流、中间电路和逆变器，同时它也接收来自这些部分的信号。其主要组成部分是：输出驱动电路、操作控制电路等。能够提供操作变频器的各种控制信号和监视变频器的工作状态，并提供各种保护驱动信号。

（1）控制电路

控制电路包括频率/电压的运算电路、主电路的电压/电流检测电路、电动机的速度检测电路、将运算电路的控制信号进行放大的驱动电路以及逆变器和负载的保护电路。

1）运算电路。运算电路的功能是将变频器的电压、电流检测电路的信号及变频器外部负载的非电量（速度、转矩等经检测电路转换为电信号）信号与给定的电流、电压信号进行比较运算，决定逆变器的输出电压、频率。

2）电压、电流检测电路。变频器的电压、电流检测电路是采用电隔离检测技术来检测

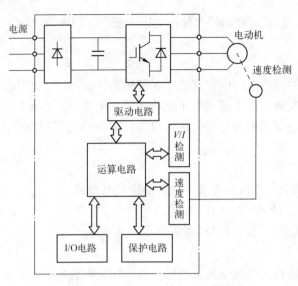

图 4-5　变频器控制电路

主回路的电压、电流，检测电路对检测到的电压、电流信号进行处理和转换，以满足变频器控制电路的需要。

3）驱动电路。驱动电路由隔离放大电路、驱动放大电路和驱动电路电源组成。变频器驱动电路的功能是在控制电路的控制下，产生足够功率的驱动信号使主电路开关器件导通或关断，控制电路是采用电隔离技术实现对驱动电路的控制。对驱动电路的各种要求，因换流器件的不同而异。有些型号的变频器直接采用专用驱动模块。

4）I/O（输入/输出）电路。变频器的 I/O（输入/输出）电路的功能是为了使变频器更好地实现人机交互。变频器具有多种输入信号（如运行、多段速度运行等），还有各种内部参数的输出（如电流、频率、保护动作驱动等）信号。

5）速度检测电路。速度检测电路以装在异步电动机轴上的速度检测器（TG、PLG 等）为核心，将检测到的电动机速度信号进行处理和转换，送入运算回路，可使电动机按指令给定的速度运转。

6）主控板上的通信电路。当变频器由可编程序控制器或上位计算机、人机界面等进行控制时，必须通过通信接口相互传递信号。变频器通信时，通常采用两线制的 RS－485 接口。两线分别用于传递和接收信号，变频器在接收到信号后或传递信号之前，这两种信号都经过缓冲器 A1701、75176B 等集成电路，以保证良好的通信效果。所以，变频器主控板上的通信电路主要是指这部分电路，还有信号的抗干扰电路。

7）外部控制电路。变频器外部控制电路主要是指频率设定电压输入，频率设定电流输入，正转、反转、点动及停止运行控制，多档转速控制。频率设定电压（电流）输入信号通过变频器内的 A－D 转换电路输入至 CPU。其他一些控制通过变频器内输入电路的光耦合器隔离，输入至 CPU。

（2）开关电源电路

开关电源电路向操作面板、主控板、驱动电路及风机等提供低压电源，直流高压 P 端加到高频脉冲变压器一次侧，开关调整管串接脉冲变压器另一个一次侧后，再接到直流高压

N端。开关管周期性地导通、截止，使一次侧直流电压变换为矩形波，由脉冲变压器耦合到二次侧，再经整流滤波后，获得相应的直流输出电压。它又对输出电压取样比较，去控制脉冲调宽电路，以改变脉冲宽度的方式，使输出电压稳定。

（3）保护电路

当变频器出现异常时，为了使变频器因异常而造成的损失减到最小，变频器都设有保护功能。较典型的是过电流检测保护电路，由电流取样、信号隔离放大和信号放大输出三部分组成。变频器的保护电路通过检测主电路的电压、电流等参数来判断变频器的运行状况，当发生过载或过电压等异常时，防止变频器的逆变电路的功率器件和负载损坏，使变频器中的逆变电路停止工作或抑制输出电压、电流值。变频器中的保护电路，可分为变频器保护和负载（异步电动机）保护两种，保护功能见表4-1。

表4-1　保护功能

保 护 对 象	保 护 功 能	保 护 对 象	保 护 功 能
变频器保护	瞬时过电流保护 过载保护 再生过电压保护 瞬时停电保护 接地过电流保护 冷却风机保护	异步电动机保护	过载保护 超频（超速）保护
		其他保护	防止失速过电流 防止失速再生过电压

4.2　变频控制技术

变频器的变频控制技术分为交－直－交变频和交－交变频两种技术。

4.2.1　交－直－交变频技术

交－直－交变频技术是先将频率固定的交流电"整流"成直流电，再把直流电"逆变"成频率可调的三相交流电。交－直－交变频器的主电路框图如图4-6所示，包括整流电路、中间电路和逆变电路三个部分。

图4-6　交－直－交变频器的主电路框图

1. 整流电路

整流电路的功能是将交流电转换成为直流电。整流电路按使用的器件不同分为不可控整流电路和可控整流电路。

（1）不可控整流电路

不可控整流电路使用的元件为功率二极管，不可控整流电路按输入交流电源的相数不同分为单相整流电路、三相整流电路和多相整流电路。如图4-7所示为三相桥式整流电路。

三相桥式整流电路共有6只整流二极管，其中 VD_1、VD_3、VD_5 的阴极连接在一起，称为共阴极组；VD_2、VD_4、VD_6 的阳极连接在一起，称为共阳极组。把三相交流电压波形在一个周期内分成 6 等份，如图 4-8a 所示。共阴极组 3 只二极管 VD_1、VD_3、VD_5 在 t_1、t_3、t_5 换流导通；共阳极组 3 只二极管 VD_2、VD_4、VD_6 在 t_2、t_4、t_6 换流导通。一个周期内，每只二极管导通 1/3 周期，即导通角为 120°。二极管导通顺序为（VD_5、VD_6）→（VD_1、VD_6）→（VD_1、VD_2）→（VD_3、VD_2）→（VD_3、VD_4）→（VD_5、VD_4）→（VD_5、VD_6），输出电压波形如图 4-8b 所示。

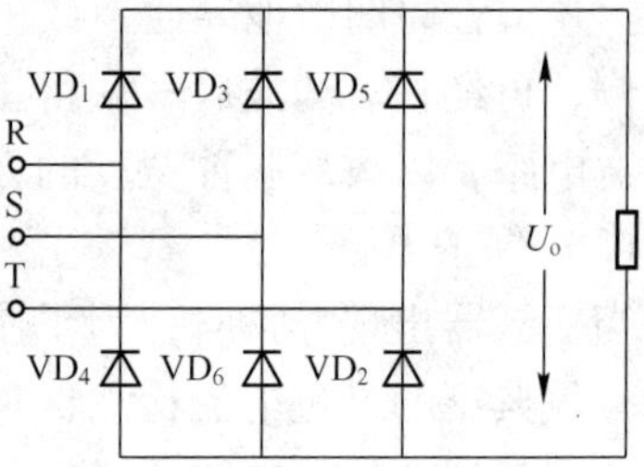

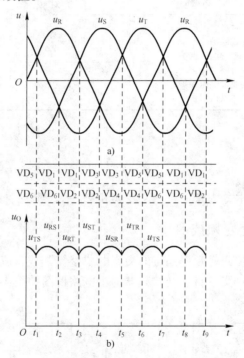

图 4-7　三相桥式整流电路

通过计算可得到负载电阻 R_L 上的平均电压为

$$U_o = 2.34 U_2 \tag{4-1}$$

式中，U_2——相电压的有效值。

图 4-8　三相桥式电路的电压波形

（2）可控整流电路

将图 4-7 所示三相桥式整流电路中的二极管换为晶闸管，成为三相桥式全控整流电路，如图 4-9 所示。

三相交流电源电压 u_R、u_S、u_T 正半波的自然换相点为 1、3、5，负半波的自然换相点为 2、4、6。当 $\alpha = 0°$ 时，让触发电路先后向各自所控制的 6 只晶闸管的门极（对应自然换相点）送出触发脉冲，即在三相电源电压正半波的 1、3、5 点向共阴极组晶闸管 VD_1、VD_3、VD_5 输出触发脉冲；在三相电源电压负半波的 2、4、6 点向阳极组晶闸管 VD_2、VD_4、VD_6

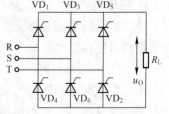

图 4-9　三相桥式可控整流电路

输出触发脉冲，负载上所得到的整流输出电压 u_O 波形如图 4-10 所示的由三相电源线电压 u_{RS}、u_{RT}、u_{ST}、u_{SR}、u_{TR} 和 u_{TS} 的正半波所组成的包络线。

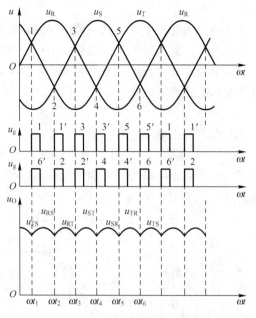

图 4-10　三相桥式全控电路电压波形

可控整流电路控制要遵循以下原则：

1）三相全控桥整流电路任一时刻必须有两只晶闸管同时导通，才能形成负载电流，其中一只在共阳极组，另一只在共阴极组。

2）整流输出电压 u_d 波形是由电源线电压 u_{RS}、u_{RT}、u_{ST}、u_{SR}、u_{TR} 和 u_{TS} 的轮流输出所组成的。晶闸管的导通顺序为：（VD_6 和 VD_1）→（VD_1 和 VD_2）→（VD_2 和 VD_3）→（VD_3 和 VD_4）→（VD_4 和 VD_5）→（VD_5 和 VD_6）。

3）6 只晶闸管中每只导通 120°，每间隔 60° 有一只晶闸管换流。

4）触发方式既可采用单宽脉冲触发，也可采用双窄脉冲触发。

假设三相全控桥式整流电路带的是电阻负载，则 $\alpha = 60°$ 时的电压波形如图 4-11 所示。

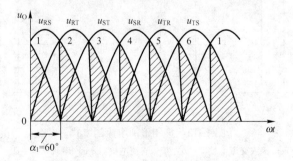

图 4-11　$\alpha = 60°$ 时的电压波形

三相桥式可控整流电路所带负载为电感性时，输出电压平均值可用下式计算

$$U_D = 2.34 U_2 \cos\alpha \tag{4-2}$$

65

2. 中间电路

变频器的中间电路有滤波电路和制动电路等。

（1）滤波电路

虽然利用整流电路可以从电网的交流电源得到直流电压或直流电流，但是这种电压或电流含有频率为电源频率6倍的纹波，逆变后的交流电压、电流也含有纹波。因此，必须对整流电路的输出进行滤波，以减少电压或电流的波动。这种电路称为滤波电路。根据滤波电路器件的不同，可分为电容滤波和电感滤波两类。

1）电容滤波。

通常用大容量电容对整流电路输出电压进行滤波。由于电容量比较大，一般采用电解电容器。采用大电容滤波后再送给逆变器，这样可使加于负载上的电压值不受负载变动的影响，基本保持恒定。该变频电源类似于电压源，因而称为电压型变频器。

电压型变频器的电路框图如图4-12a所示。电压型变频器的逆变电压波形为方波，而电流的波形经电动机负载的滤波后接近于正弦波，如图4-12b所示。

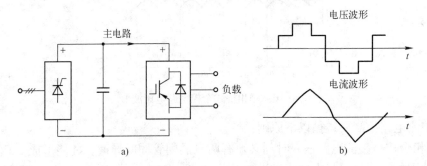

图 4-12　电压型变频器

a）电路框图　b）电压和电流波形

电容滤波电路中二极管整流器在电源接通时，电容中将流过较大的充电电流（也称浪涌电流），有可能烧坏二极管，必须采取相应措施。图4-13给出了几种抑制浪涌电流的方式。

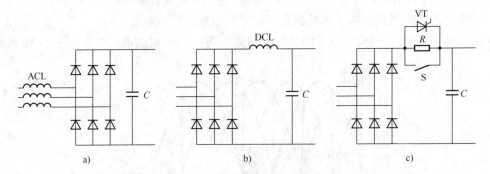

图 4-13　抑制浪涌电流的方式

a）接入交流电抗器　b）接入直流电抗器　c）串联充电电阻

2）电感滤波。

采用大容量电感对整流电路输出电流进行滤波，称为电感滤波。由于经电感滤波后加于逆变器的电流值稳定不变，所以输出电流基本不受负载的影响，电源外特性类似电流源，因而称为电流型变频器。图4-14a 所示为电流型变频器的电路框图，图4-14b 所示为电流型变频器输出电压及电流波形。

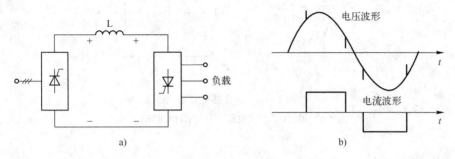

图4-14 电流型变频器
a）电路框图 b）输出电压及电流波形

（2）制动电路

利用设置在直流回路中的制动电阻吸收电动机的再生电能的方式称为动力制动或再生制动。图4-15 为制动电路的原理图。制动电路介于整流器和逆变器之间，图中的制动单元包括晶体管 V_B、二极管 VD_B 和制动电阻 R_B。如果回馈能量较大或要求强制动，还可以选用接于 H、G 两点上的外接制动电阻 R_{EB}。

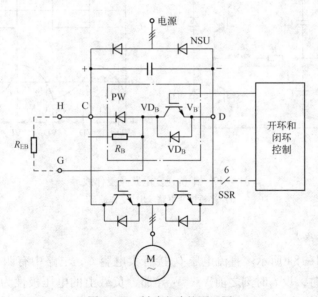

图4-15 制动电路的原理图

3. 逆变电路

逆变电路也简称为逆变器，图4-16a 所示为单相桥式逆变器原理图，四个桥臂由开关构成，输入直流电压 U，逆变器负载是电阻 R。当将开关 S_1、S_4 闭合，S_2、S_3 断开时，电阻上得到左正右负的电压；间隔一段时间后将开关 S_1、S_4 打开，S_2、S_3 闭合，电阻上得到右正左负的电压。以频率 f 交替切换 S_1、S_4 和 S_2、S_3，在电阻上就可以得到图4-16b 所示的电压波形。

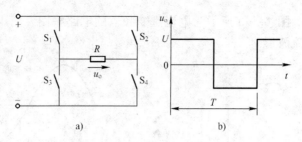

图 4-16　逆变器工作原理

a）单相桥式逆变电路　b）工作电压波形

1）半桥逆变电路。

图 4-17a 为半桥逆变电路原理图，直流电压 U_d 加在两个串联的足够大的电容两端，并使得两个电容的连接点为直流电源的中点，即每个电容上的电压为 $U_d/2$。由两个导电臂交替工作使负载得到交变电压和电流，每个导电臂由一个功率晶体管与一个反并联二极管所组成。

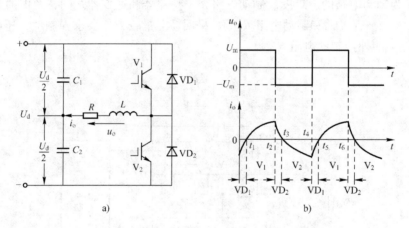

图 4-17　半桥逆变电路及工作波形

a）半桥逆变电路　b）工作波形

2）全桥逆变电路。

电路原理如图 4-18a 所示。直流电压 U_d 接有大电容 C，电路中有四个桥臂，桥臂 1、4 和桥臂 2、3，工作时，设 t_2 时刻之前 V_1、V_4 导通，负载上的电压极性为左正右负，负载电流 i_o 由左向右。t_2 时刻给 V_1、V_4 关断信号，给 V_2、V_3 导通信号，则 V_1、V_4 关断，但感性负载中的电流 i_o 方向不能突变，于是 VD_2、VD_3 导通续流，负载两端电压的极性为右正左负。当 t_3 时刻 i_o 降到零时，VD_2、VD_3 截止，V_2、V_3 导通，i_o 开始反向。同样在 t_4 时刻给 V_2、V_3 关断信号，给 V_1、V_4 导通信号后，V_2、V_3 关断，i_o 方向不能突变，由 VD_1、VD_4 导通续流。t_5 时刻 i_o 降至零时，VD_1、VD_4 截止，V_1、V_4 导通，i_o 反向，如此反复循环，两对交替各导通 $180°$。其输出电压 u_o 和负载电流 i_o 如图 4-18b 所示。

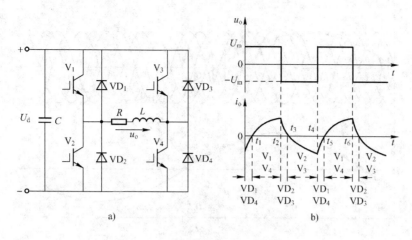

图 4-18　全桥逆变电路及工作波形

a）全桥逆变电路　b）工作波形

4.2.2　交-交变频技术

交-交变频电路是指不通过中间直流环节，而把电网固定频率的交流电直接变换成不同频率的交流电的变频电路。交-交变频器特别适合于大容量的低速传动，在轧钢、水泥、牵引等方面应用广泛。

1. 电路组成及基本工作原理

图 4-19 是单相输出交-交变频电路的原理框图，电路由 P（正）组和 N（负）组反并联的晶闸管变流电路构成，两组变流电路接在同一个交流电源上，Z 为负载。交-交变频器输出的方波 如图 4-20 所示。

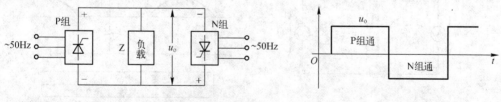

图 4-19　单相输出交-交变频电路的原理框图　　　　图 4-20　输出的方波

为了使输出电压的波形接近正弦波，可以按正弦规律对控制角 α 进行调制，即可得到如图 4-21 所示的波形。调制方法是，在半个周期内让变流器的控制角 α 按正弦规律从 90° 逐渐减小到 0° 或某个值，然后再逐渐增大到 90°。

2. 感阻性负载时的相控调制

如果把交-交变频电路理想化，忽略变流电路换相时输出电压的脉动分量，就可以把电路等效为图 4-22a 所示的正弦波交流电源和二极管的串联电路。其中交流电源表示变流电路可输出交流正弦电压，二极管只允许电流单方向流过。图 4-22b 给出了一个周期内负载电压、电流波形及正负两组变流电路的电压、电流波形。

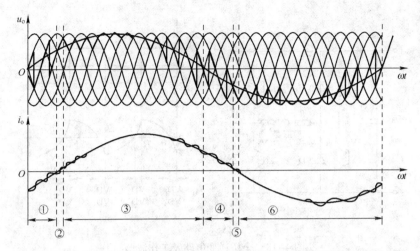

图 4-21　带有感性负载的单相输出交 - 交变频器的输出电压和电流波形

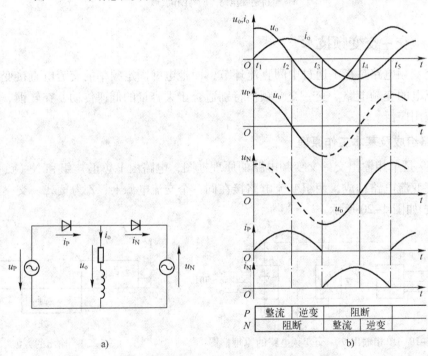

图 4-22　感阻性负载时的相控调制
a）理想化交 - 交变频电路　b）整流与逆变状态波形

3. 矩形波交 - 交变频

交 - 交变频根据其输出电压的波形，可以分为矩形波和正弦波两种。正弦波交 - 交变频的工作过程在前面讲述交 - 交变频原理中已举例讲过，下面主要介绍矩形波交 - 交变频的工作原理。

（1）矩形波交 - 交变频电路及工作原理

在图 4-23 所示电路中，每一相由两个三相零式整流器组成，提供正向电流的是共阴极组①、③、⑤；提供反向电流的是共阳极组②、④、⑥。为了限制环流，采用了限环流电感 L。

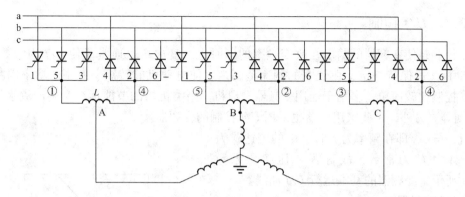

图 4-23　三相零式交-交变频电路

假设三相电源电压 u_a、u_b、u_c 完全对称。当给定一个恒定的触发控制角 α 时，例如，α = 90°，得正组①的输出电压波形如图 4-24 所示。

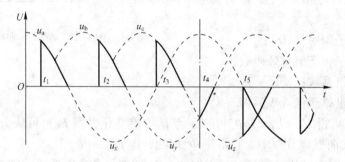

图 4-24　输出电压为矩形波的波形

（2）换相与换组过程

图 4-25 所示为组①和组④的输出电压波形，组①输出电压片段 u_c，组④输出电压片段 u_y。

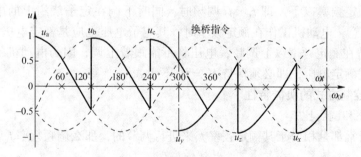

图 4-25　电流连续时组触发得到的电压波形

4.3　变频器的控制方式

根据不同的变频控制理论，变频器的控制方式主要有 U/f 控制方式、转差频率控制、矢量控制和直接转矩控制四种。

4.3.1 *U/f* 控制

U/f 控制是使变频器的输出在改变频率的同时也改变电压，通常是使 U/f 为常数，这样可使电动机磁通保持一定，在较宽的调速范围内，使电动机的转矩、效率、功率因数不下降。U/f 控制比较简单，多用于通用变频器、风机、泵类机械的节能运行及生产流水线的工作台传动等。另外，一些家用电器也采用 U/f 控制的变频器。

使 $U/f = C$，即在频率为 f_x 时，U_x 的表达式为 $U_x/f_x = C$，其中 C 为常数，故称为"压频比系数"，图 4-26 所示是变频器的基本运行 U/f 曲线。

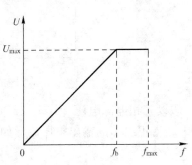

图 4-26　变频器基本运行 U/f 曲线

1. *U/f* 控制原理

三相异步电动机定子每相电动势的有效值 U_1 为：

$$U_1 \approx E_1 = 4.44 f_1 K_{W1} \Phi_m \qquad (4-3)$$

式中　E_1——定子每相由气隙磁通感应的电动势（V）；

　　　　f_1——定子频率（Hz）；

　　　　W_1——定子相绕组有效匝数；

　　　　K_{W1}——绕组系数；

　　　　Φ_m——每极磁通量（Wb）。

由式（4-3）可得 $U_1 \approx E_1 \propto f_1 \Phi_m$ 可知，若 U_1 没有变化，则 E_1 也可认为基本不变。如果这时从额定频率 f_N 向下调节频率，必将使 Φ_m 增加，即 $f_1 \downarrow \rightarrow \Phi_m \uparrow$。

由于额定工作时电动机的磁通已接近饱和，Φ_m 增加将会使电动机的铁心出现深度饱和，这将使励磁电流急剧升高，导致定子电流和定子铁心损耗急剧增加，使电动机工作不正常。可见，在变频调速时单纯调节频率是行不通的。

为了达到下调频率时，磁通 Φ_m 不变，必须让 $U_1/f_1 =$ 常数，即 $f_1 \downarrow$ 时 E_1 也下调，因 E_1 是反电势，无法检测，根据 $U_1 \approx E_1$，即可以表述为 $U_1/f_1 =$ 常数。

因此，在额定频率以下，即 $f_1 < f_N$ 调频时，同时下调在定子绕组上的电压，即实现了 U/f 控制。应注意，电动机工作在额定频率时，其定子电压也应是额定电压，即 $f_1 = f_N$，$U_1 = U_N$。所以，若在额定频率以上调频，电压将不能跟着上调，因为电动机的定子绕组上的电压不允许超过额定电压，即必须保持 $U_1 = U_N$ 不变。

2. 恒 *U/f* 控制方式的机械特性

（1）调频比和调压比

调频时，通常都是相对于其额定频率 f_N 来进行调节的，那么调频频率 f_x 就可表示为：

$$f_x = k_f f_N \qquad (4-4)$$

式中　k_f——频率调节比（也叫作调频比）。

根据变频也要变压的原则，在变压时也存在着调压比，电压 U_x 可表示为：

$$U_x = k_u U_N \qquad (4-5)$$

式中　k_u——调压比；

　　　　U_N——电动机的额定电压。

（2）变频后电动机的机械特性

变频后电动机的机械特性如图 4-27 所示，具有如下特征：

① 从 f_N 向下调频时，n_{0x} 下移，T_{Kx} 逐渐减小。

② f_x 在 f_N 附近下调时，$k_f = k_u \rightarrow 1$，T_{Kx} 减小很少，可近似认为 $T_{Kx} \approx T_{KN}$；

f_x 调得很低时，$k_f = k_u \rightarrow 0$，T_{Kx} 减小很快。

③ f_x 不同时，临界转差 Δn_{Kx} 变化不是很大，所以稳定工作区的机械特性基本是平行的，且机械特性较硬。

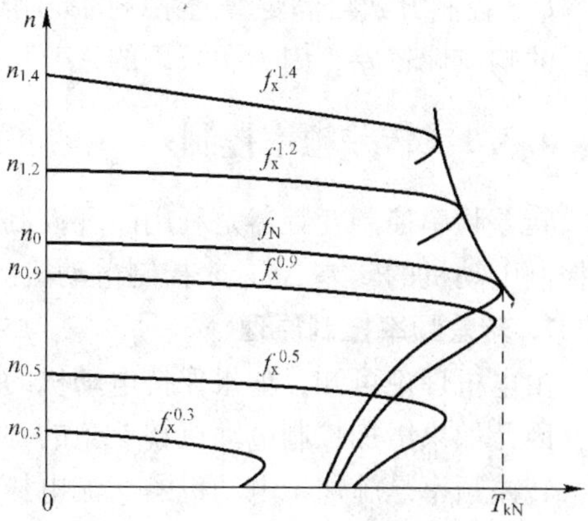

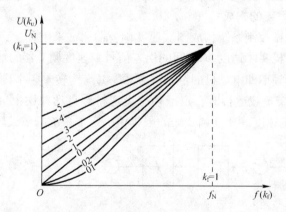

图 4-27　U/f 变频调速机械特性

3. U/f 控制的功能

（1）转矩提升

转矩提升是指通过提高 U/f 比来补偿 f_x 下调时引起的 T_{Kx} 下降。但并不是 U/f 比取大些就好。补偿过分，电动机铁心饱和厉害，励磁电流 I_0 的峰值增大，严重时可能会引起变频器因过电流而跳闸。

（2）U/f 控制功能的选择

为了方便用户选择 U/f 比，变频器通常都是以 U/f 控制曲线的方式提供给用户，让用户选择的，如图 4-28 所示。

图 4-28　变频器的 U/f 控制曲线

选择 U/f 控制曲线时常用的操作方法有：

1）将拖动系统连接好，带以最重的负载。

2）根据所带负载的性质，选择一个较小的 U/f 曲线，在低速时观察电动机的运行情况，如果此时电动机的带负载能力达不到要求，需将 U/f 曲线提高一档。依此类推，直到电动机在低速时的带负载能力达到拖动系统的要求。

3）如果负载经常变化，在 2）中选择的 U/f 曲线，还需要在轻载和空载状态下进行检验。方法是：将拖动系统带以最轻的负载或空载，在低速下运行，观察定子电流 I_1 的大小，如果 I_1 过大，或者变频器跳闸，说明原来选择的 U/f 曲线过大，补偿过分，需要适当调低 U/f 曲线。

U/f 控制方式可满足普通系统的控制要求,主要用于通用变频器,但其转速控制精度及系统的响应性较差,因为它采用的是开环控制方式。

4.3.2 转差频率控制

转差频率控制变频器是利用闭环控制环节,根据电动机转速差和转矩成正比的原理,通过控制电动机的转差 Δn,来控制电动机的转矩,从而达到控制电动机转速精度的目的。

1. 转差频率控制原理

由电机理论可知,如果保持电动机的气隙磁通一定,则电动机的转矩由电流差角频率决定,因此如果增加控制电动机转差角的功能,那么异步电动机产生的转矩就可以控制。

转差频率是施加于电动机的交流电压频率与电动机速度(电气角频率)的差频率,在电动机轴上安装测速发电机(TG)等速度检测器可以检测出电动机的速度。转差频率与转矩的关系为如图 4-29 所示的特性,在电动机允许的过载转矩以下,大体可以认为产生的转矩与转差频率成比例。另外,电流随转差频率的增加而单调增加。所以,如果我们给出的转差频率不超过允许过载时的转差频率,就可以具有限制电流的功能。

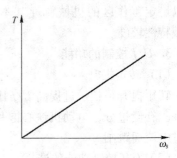

图 4-29 转差频率与转矩的关系

为了控制转差频率虽然需要检出电动机的速度。但系统的加减速特性和稳定性比开环的 U/f 控制得到了提高,过电流的限制效果也变好。

2. 转差频率控制系统的构成

图 4-30 为转差频率控制系统构成图。速度调节器通常采用 PI 控制。它的输入为速度设定信号 ω_2^* 和检测的电机实际速度 ω_2 之间的误差信号。速度调节器的输出为转差频率设定信号 ω_s^*。变频器的设定频率即电动机的定子电源频率 ω_1^* 为转差频率设定值 ω_s^* 与实际转子转速 ω_2 的和。当电动机带负载运行时,定子频率设定将会自动补偿由负载所产生的转差,保持电动机的速度为设定速度。速度调节器的限幅值决定了系统的最大转差频率。

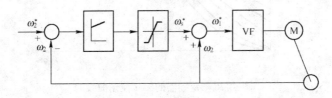

图 4-30 异步电动机的转差频率控制系统框图

采用转差频率控制可使调速精度大大提高,但该方式必须使用速度传感器求取转差频率,同时要针对具体电动机的机械特性去调整控制参数,因而这种控制方式的通用性较差。通常,采用转差频率控制的调速装置都是单机运转,即一台变频器控制一台电动机。

4.3.3 矢量控制

采用转速闭环,转差频率控制的变频调速系统,在动态性能上仍赶不上直流闭环调速系统,这主要是因为直流电动机与交流电动机有着很大的差异,在数学模型上有着本质的区别。

1. 矢量控制原理

图 4-31 所示为异步电动机的坐标变换结构图。从外部看，输入为 A，B，C 三相电压，输出是转速 ω 的一台异步电动机，从内部看，经过 3/2 变换和同步旋转变换，变成一台由 i_m 和 i_t 输入，由 ω 输出的直流电动机。异步电动机经过坐标变换可以等效成直流电动机，那么，模仿直流电动机的控制策略，得到直流电动机的控制量，经过相应的坐标反变换，就能够控制异步电动机。由于进行坐标变换的是空间矢量，所以这种通过坐标变换实现的控制系统就叫作矢量控制系统，简称 VC 系统。

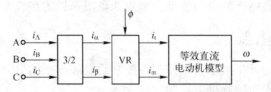

图 4-31　异步电动机的坐标变换结构图

3/2—三相 - 两相变换；VR—同步旋转变换；ϕ—M 轴与 α 轴（A 轴）夹角

2. 矢量控制系统结构

矢量控制系统的结构如图 4-32 所示。图中给定和反馈信号经过类似直流调速系统所用的控制器，产生励磁电流的给定信号 i_{m1}^* 和电枢电流给定信号 i_{T1}^*，经过 VR^{-1} 反转变换得到 $i_{\alpha1}^*$ 和 $i_{\beta1}^*$，再经过 2/3 变换得到 i_A^*、i_B^*、i_C^*。把这三个电流控制信号和由控制器直接得到的频率控制信号 ω_1 加到带电流控制的变频器上，就可以输出异步电动机调速所需的三相变频电流。

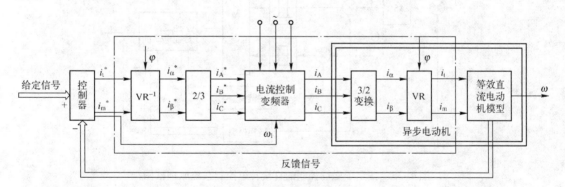

图 4-32　矢量控制系统的结构

矢量控制中的反馈信号有电流反馈和速度反馈两个信号。电流反馈用于反映负载的状态，使 i_T^* 能随负载而变化。速度反馈反映出拖动系统的实际转速和给定值之间的差异，从而以最快的速度进行校正，提高了系统的动态性能。速度反馈的反馈信号可由脉冲编码器 PG 测得。现代的变频器又推广使用了无速度传感器矢量控制技术，它的速度反馈信号不是来自速度传感器，而是通过 CPU 对电动机的各种参数，如 I_1、r_2 等经过计算得到的一个转速的实际值，由这个计算出的转速实际值和给定值之间的差异来调整 i_M^* 和 i_T^*，改变变频器的输出频率和电压。

3. 矢量控制的要求

选择矢量控制模式，对变频器和电动机有如下要求：

1）一台变频器只能带一台电动机。

2）电动机的极数要按说明书的要求，一般以4极电动机为最佳。

3）电动机容量与变频器的容量相当，最多差一个等级。

4）变频器与电动机间的连接线不能过长，一般应在30 m以内。如果超过30 m，需要在连接好电缆后，进行离线自动调整，以重新测定电动机的相关参数。

矢量控制具有动态的高速响应、低频转矩增大、控制灵活等优点，主要用于要求高速响应、恶劣的工作环境、高精度的电力拖动、要求四象限运转等场合。

4.3.4 直接转矩控制

直接转矩控制系统是近年来继矢量控制系统之后发展起来的另一种高动态性能的交流变频调速系统，转矩直接作为控制量来控制。

直接转矩控制是直接在定子坐标系下分析交流电动机的模型，控制电动机的磁链和转矩。它不需要将交流电动机化成等效直流电动机，因而省去了矢量旋转变换中的许多复杂计算，它不需要模仿直流电动机的控制，也不需要为解耦而简化交流电动机的数学模型。

1. 直接转矩控制系统的原理

图4-33所示为按定子磁场控制的直接转矩控制系统原理框图。与矢量控制系统一样，该系统也是分别控制异步电动机的转速和磁链，而且采用在转速环内设置转矩内环的方法，以抑制磁链变化对转子系统的影响，因此转速与磁链子系统也是近似独立的。

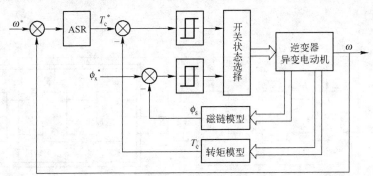

图4-33 按定子磁场控制的直接转矩控制系统原理框图

2. 直接转矩控制的特点

转矩控制是控制定子磁链，在本质上并不需要转速信息。在控制上对除定子电阻外的所有电动机参数变化鲁棒性好，所引入的定子磁链观测器能很容易地估算出同步速度信息，因而能方便地实现无速度传感器化。这种控制也称为无速度传感器直接转矩控制。然而，这种控制要依赖于精确的电动机数学模型和对电动机参数的自动识别（ID）。

4.4 本章小结

变频器是交流伺服技术的一个重要的应用，它可以将电压和频率固定不变的工频交流电源变换成电压和频率可变的交流电源，提供给交流电动机实现软启动、变频调速、提高运转精度、改变功率因数、过流/过压/过载保护等功能。变频器在工业生产自动化控制中有着重要的作用。

本章主要介绍了变频器的基本概念、电路结构及分类。并着重分析了变频控制技术和变频控制方式。

4.5 测试题

一、选择题

1. 变频器的节能运行方式只能用于（   ）控制方式。
   A. U/f 开环　　　　B. 矢量　　　　C. 直接转矩　　　　D. CVCF

2. 高压变频器是指工作电压在（   ）kV 以上的变频器。
   A. 3　　　　　　　B. 5　　　　　　C. 6　　　　　　　D. 10

3. 对电动机从基本频率向上的变频调速属于（   ）调速。
   A. 恒功率　　　　　B. 恒转矩　　　　C. 恒磁通　　　　D. 恒转差率

4. 下列哪种制动方式不适用于变频调速系统（   ）。
   A. 直流制动　　　　B. 回馈制动　　　C. 反接制动　　　D. 能耗制动

5. 为了适应多台电动机的比例运行控制要求，变频器设置了（   ）功能。
   A. 频率增益　　　　B. 转矩补偿　　C. 矢量控制　　　D. 回避频率

6. 为了提高电动机的转速控制精度，变频器具有（   ）功能。
   A. 转矩补偿　　　　B. 转差补偿　　C. 频率增益　　　D. 段速控制

7. 变频器种类很多，其中按滤波方式可分为电压型和（   ）型。
   A. 电流　　　　　　B. 电阻　　　　C. 电感　　　　　D. 电容

8. 在 U/f 控制方式下，当输出频率比较低时，会出现输出转矩不足的情况，要求变频器具有（   ）功能。
   A. 频率偏置　　　　B. 转差补偿　　C. 转矩补偿　　　D. 段速控制

9. 目前，在中小型变频器中普遍采用的电力电子器件是（   ）。
   A. SCR　　　　　　B. GTO　　　　C. MOSFET　　　D. IGBT

10. 变频器的调压调频过程是通过控制（   ）进行的。
    A. 载波　　　　　　B. 调制波　　　C. 输入电压　　　D. 输入电流

11. 变频器常用的转矩补偿方法有：线性补偿、分段补偿和（   ）补偿。
    A. 平方根　　　　　B. 平方率　　　C. 立方根　　　　D. 立方率

12. 变频器的节能运行方式只能用于（   ）控制方式。
    A. U/f 开环　　　　B. 矢量　　　　C. 直接转矩　　　D. CVCF

二、填空题

1. 频率控制功能是变频器的基本控制功能。控制变频器输出频率有以下几种方法：_____、_____、_____和_____。

2. 变频器具有多种不同的类型：按变换环节可分为_____型和_____型；按改变变频器输出电压的方法可分为_____和_____型；按用途可分为_____型变频器和_____

型变频器。

3. 为了适应多台电动机的比例运行控制要求，变频器具有_____功能。

4. 电动机在不同的转速下、不同的工作场合需要的转矩不同，为了适应这个控制要求，变频器具有_____功能。

5. 有些设备需要转速分段运行，而且每段转速的上升、下降时间也不同，为了适应这些控制要求，变频器具有_____功能和多种加、减速时间设置功能。

6. 根据不同的变频控制理论，变频器的控制方式主要有_____、_____、_____和_____等四种。

7. 变频器是通过_____的通断作用将_____变换成_____的一种电能控制装置。

8. 有些设备需要转速分段运行，而且每段转速的上升、下降时间也不同，为了适应这些控制要求，变频器具有_____功能和多种加、减速时间设置功能。

9. 矢量控制中的反馈信号有_____和_____两个信号。

三、判断题

1. 若在额定频率以上调频，电压将不能跟着上调，因为电动机的定子绕组上的电压不允许超过额定电压，即必须保持 $U_1 = U_N$ 不变。（　　　）

2. U/f 变频控制方式中，U/f 比越大转矩提升能力越强。（　　　）

3. U/f 控制方式的转速控制精度及系统的响应性能力较强，因为它采用的是闭环控制方式。（　　　）

4. 转差频率控制变频器是利用开环控制环节，因此其控制精度、加减速特性和稳定性都比较低。（　　　）

5. 直接转矩控制是直接在定子坐标系下分析交流电动机的模型，控制电动机的磁链和转矩。（　　　）

6. 直接转矩控制要依赖于精确的电动机数学模型和对电动机参数的自动识别。（　　　）

7. U/f 控制可根据负载的变化随时调整变频器的输出。（　　　）

8. 转矩补偿设定太大会引起低频时空载电流过大。（　　　）

9. 变频调速系统过载保护具有反时限特性。（　　　）

10. 恒 U_1/f_1 控制的稳态性能优于恒 E_1/f_1。（　　　）

11. 保持定子供电电压为额定值时的变频控制是恒功率控制。（　　　）

12. 转矩提升是指在频率 $f=0$ 时，补偿电压的值。（　　　）

13. 加速时间是指工作频率从 0 上升至最大频率所需要的时间。（　　　）

四、简答题

1. 变频器的分类方式有哪些？如何分类的？

2. 变频器常用的控制方式有哪些？

3. 一般的通用变频器包含哪几种电路？

4. 比较电压型变频器和电流型变频器的特点。

5. 变频器保护电路的功能及分类有哪些？

第5章　西门子 MM440 变频器基本操作

【导学】

📖 西门子 MM440 变频器有什么功能？它是如何运行的？

西门子 MM440（MICROMASTER440）变频器是用于控制三相交流电动机速度的变频器系列。该系列有多种型号，从单相电源电压、额定功率 120 W 到三相电源电压、额定功率 11 kW 可供用户选用。

MM440 系列变频器的特性主要是易于安装、易于调试，电磁兼容性设计牢固，可由 IT（中性点不接地）电源供电，对控制信号的响应是快速和可重复的，其参数设置的范围很广，确保它可对广泛的应用对象进行配置。该系列变频器还具有电缆连接简便，模块化设计，配置灵活，脉宽调制的频率高等特点，因而电动机运行的噪声低。

本章主要介绍西门子 MM440 变频器的主要性能，电路结构，常见的设置方式以及常用运行方式的参数设置。

【学习目标】

1）了解 MM440 变频器的技术规格和主要性能。
2）理解变频器电路的工作原理。
3）掌握变频器的三种设置方式。
4）掌握变频器常用功能的参数设置。

5.1　西门子 MM440 变频器

5.1.1　技术规格及主要性能

MM440 变频器由微处理器控制，并采用具有现代先进技术水平的绝缘栅双极型晶体管（IGBT）作为功率输出器件。因此，它具有很高的运行可靠性和功能性。其脉冲宽度调制的开关频率是可选的，因而降低了电动机运行的噪声。全面而完善的保护功能为变频器和电动机提供了良好的保护。MM440 具有默认的工厂设置参数，是给数量众多的简单的电动机控制系统供电的理想变频驱动装置。由于 MM440 具有全面而完善的控制功能，在设置相关参数以后，也可用于更高级的电动机控制系统。MM440 既可以用于单机驱动系统，也可集成到自动化系统中。

MM440 变频器具有详细的状态信息和信息集成功能，有多种可选件供用户选用；用于与 PC 通信的通信模块，基本操作面板（BOP），高级操作面板（AOP），用于进行现场总线通信的 PROFIBUS 通信模块。

MM440 主要技术规格如下。

（1）MM440 系列变频器的电源电压和功率范围：

1）单相，交流：（200～240）V ±10%；

恒转矩方式（CT）：0.12～3.0 kW。

2）三相，交流：（200～240）V ±10%；

恒转矩（CT）：0.12～45.0 kW；

变转矩（VT）：5.5～45.0 kW。

3）三相，交流：（380～480）V ±10%；

恒转矩（CT）：0.37～200 kW；

变转矩（VT）：7.5～250 kW。

4）三相，交流：（500～660）V ±10%；

恒转矩（CT）：0.75～75 kW；

变转矩（VT）：1.5～90.0 kW。

（2）输入频率支持 43～63 Hz。

（3）输出频率 0～65 Hz。

（4）功率因数为 0.98，具有很高的输出效率。

（5）过载能力：MM440 变频器按照外形尺寸可以分为 A～F，FX，GX8 种。

1）在恒转矩（CT）情况下，外形尺寸 A～F：l.5×额定输出电流（即 150% 过载），持续时间 60 s，间隔周期时间 300 s；2×额定输出电流（即 200% 过载），持续时间 3 s，间隔周期时间 300 s。外形尺寸 FX 和 GX：l.36×额定输出电流（即 136% 过载），持续时间 57 s，间隔周期时间 300 s；1.6×额定输出电流（即 160% 过载），持续时间 3 s，间隔周期时间 300 s。

2）在可变转矩（VT）情况下，外形尺寸 A～F：1.1×额定输出电流（即 110% 过载），持续时间 60 s，间隔周期时间 300 s；1.4×额定输出电流（即 140% 过载），持续时间 3 s，间隔周期时间 300 s。外形尺寸 FX 和 GX：1.1×额定输出电流（即 110% 过载），持续时间 59 s，间隔周期时间 300 s；1.5×额定输出电流（即 150% 过载），持续时间 1 s，间隔周期时间 300 s。

（6）MM440 变频器的控制方式有 u/f 和矢量控制两种方式。

（7）固定频率：15 个，可编程序。

（8）跳转频率：4 个，可编程序。

（9）设定值的分辨率：0.01 Hz 的数字输入，0.01 Hz 串行通信的输入，10 位二进制模拟输入。

（10）数字量输入：具有 6 个带电位隔离的数字量输入，可进行高低有效电平的切换。

（11）模拟量输入：具有两个可编程序的模拟量输入，两个输入可以作为第 7 和第 8 个数字输入进行参数化。

（12）具有 3 个可编程序的继电器输出。

（13）具有 2 个可编程序的模拟量输出。

（14）串行接口：默认 RS – 485 接口，可选用 RS – 232.

（15）具有直流注入制动，复合制动，动力制动三种制动方式。

（16）保护特性：

1）过电压/欠电压保护（直流部分电压）。

2）变频器过热保护。

3）接地故障保护。

4）短路保护。

5）I^2t 电动机过热保护（短路极限发热）。

6）具有 PTC/KTY 电动机保护（温度保护）。

7）电动机失步保护。

8）电动机锁定保护。

9）参数连锁。

5.1.2 MM440 变频器的电路结构

如图 5-1 所示为 MM440 变频器的外接电路，它由主电路和控制电路两部分组成。主电路是指完成电能转换（整流、逆变），给电动机提供变压变频交流电源的部分。控制电路主要完成信息的收集、变换、处理、传输的功能。

1. MM440 变频器的主电路

由电源输入单相或三相工频正弦交流电，经整流电路转换成恒定的直流电，经滤波后供给逆变电路。

逆变电路在微处理器的控制下，将恒定的直流电逆变成电压和频率可调的三相交流电，给电动机供电。

MM440 变频器的直流滤波环节采用的是电容滤波，属于电压型交－直－交变频器。

2. MM440 的控制电路

MM440 变频器的控制回路包括主控板（CPU），操作板（键盘及显示），控制电源板，模拟输入/输出，数字输入/输出。

端子 1、2 是变频器为用户提供的一个高精度的 10 V 的直流稳压电源。当采用模拟电压信号输入方式输入给定频率时，为了提高交流变频调速系统的控制精度，必须配备一个高精度的直流稳压电源作为模拟电压输入的直流电源。

模拟输入 3、4 和 10、11 为用户提供了两对模拟电压给定输入端作为频率给定信号，经变频器内模－数转换器，将模拟量转换成数字量，传输给 CPU 来控制系统。输入 12、13 和 26、27 端为两对模拟输出端。

1）模拟量输入类型的选择。模拟输入 1（即 AIN1）可以用于 0 ~ 10 V、0 ~ 20 mA 和 −10 V ~ +10 V；模拟输入 2（即 AIN2）可以用于 0 ~ 10V 和 0 ~ 20 mA。这些输入类型可以通过如图 5-2 所示的 DIP 开关进行拨码设定。

2）模拟量输入当作开关量输入。模拟输入回路可以另行配置用于提供两个附加数字输入的 DIN7 和 DIN8，如图 5-3 所示。

当模拟输入作为数字输入时电压门限值为：DC 1.75 V，OFF；DC 3.70 V，ON。

数字输入 5 ~ 8，16、17 端为用户提供了 6 个完全可编程的数字输入端，数字输入信号经光耦隔离输入 CPU，对电动机进行正反转、正反向点动、固定频率设定值控制等。

输入 9、28 端是 24 V 直流电源端，输出 18 ~ 25 为输出继电器的出头。输入 14、15 端为电动机过热保护输入端；输入 29、30 端为 RS－485 协议端口。

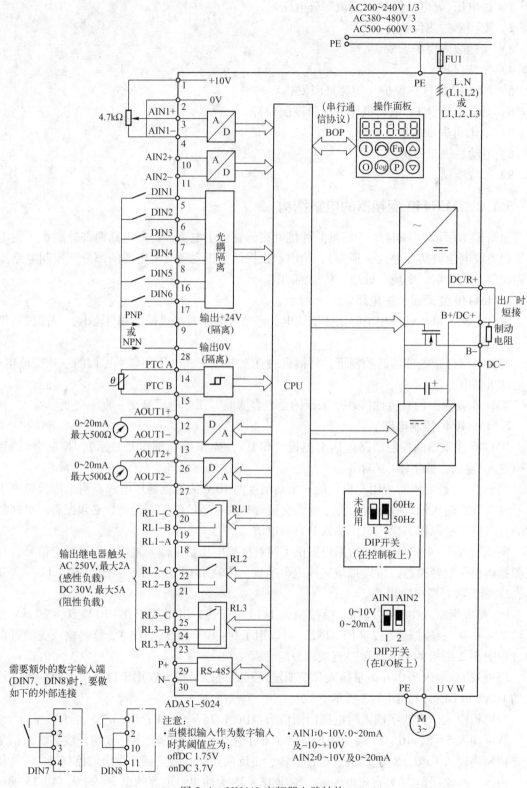

图 5-1 MM440 变频器电路结构

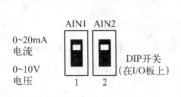
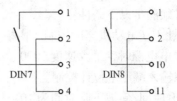

图 5-2 模拟量输入类型选择　　　图 5-3 模拟输入作为数字输入时外部线路的连接

5.2 MM440 变频器调试

5.2.1 操作控制面板（SDP）调试方式

SDP 上有两个 LED 指示灯，用于指示变频器的运行状态，如图 5-4 所示。

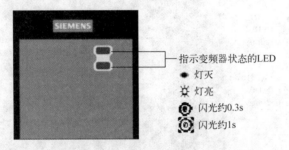

图 5-4 状态显示板

采用 SDP 时，SDP 操作时的默认设置值见表 5-1，变频器的预设置值必须与下列电动机数据兼容：

1）电动机额定功率。
2）电动机额定电压。
3）电动机额定电流。
4）电动机额定频率。

表 5-1 用 SDP 操作时的默认设置值

功能说明	端子编号	参　数	默认操作
数字输入 1	5	P0701 = '1'	ON，正向运行
数字输入 2	6	P0702 = '12'	反向运行
数字输入 3	7	P0703 = '9'	故障复位
输出继电器	10/11	P0731 = '52.3'	故障识别
模拟输出	12/13	P0771 = 21	输出频率
模拟输入	3/4	P0700 = 0	频率设置值
	1/2		模拟输入电源

此外，还必须满足以下条件：

1）按照线性 U/f 电动机速度控制，由模拟电位计控制电动机速度。

2）50 Hz 供电电源时，最大速度 3000 r/min（60 Hz 供电电源时为 3600 r/min），可以通过变频器的模拟输入端用电位计控制。

3）斜坡上升时间/斜坡下降时间为 10 s。

使用变频器上的 SDP 可进行以下操作：

1）起动和停止电动机（数字输入 D1N1 由外接开关控制）。

2）电动机反向（数字输入 D1N2）由外接开关控制）。

3）故障复位（数字输入 D1N3 由外接开关控制）。

按图 5-5 所示的端子连接模拟输入信号，即可实现对电动机速度的控制。

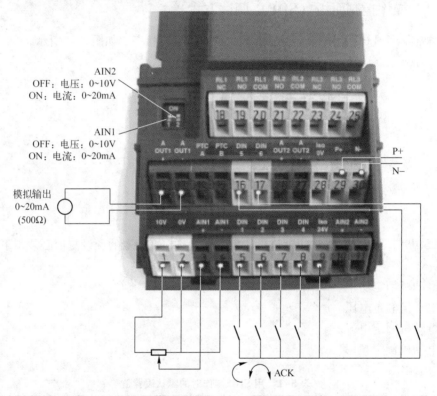

图 5-5　用 SDP 进行的基本操作

5.2.2　状态面板（BOP）调试方式

1. 安装 BOP

为了用 BOP 设置参数，必须首先拆下 SDP，并装上 BOP，如图 5-6 所示。

2. BOP 的功能

1）显示功能。BOP 具有五位数字的七段显示，用于显示参数的序号和数值、报警和故障信息，以及该参数的设定值和实际值。BOP 不能存储参数的信息。

2）用 BOP 上的按键能修改参数。

3）BOP 上按键具有控制电动机的功能。

表5-2表示用BOP操作时的工厂默认设置值。

在此应该注意以下几点：

1）在默认设置时，用BOP控制电动机的功能是被禁止的。如果要用BOP进行控制，参数P0700应设置为1，参数P1000也应设置为1。

2）变频器加上电源时，也可以把BOP装到变频器上，或从变频器上将BOP拆卸下来。

3）如果BOP已经设置为I/O控制（P0700=1），在拆卸BOP时，变频器驱动装置将自动停车。

图5-6　基本操作板

表5-2　用BOP操作时的默认设置值

参　　数	说　　明	默认值，欧洲（或北美）地区
P0100	运行方式，欧洲/北美	50 Hz，kW（60 Hz，hp）
P0307	功率（电动机额定值）	kW（hp）
P03010	电动机额定频率	50 Hz（60 Hz）
P03011	电动机的额定速度	1395（1680）r/min［决定于量变］
P1082	最大电动机频率	50 Hz（60 Hz）

3. 基本操作面板BOP按钮及其功能

基本操作面板（BOP）上的按钮的功能见表5-3。

表5-3　基本操作面板（BOP）上的按钮

显示/按钮	功　　能	功能的说明
r0000	状态显示	LCD显示变频器当前的设定值
	起动电动机	按此键启动变频器，以默认值运行时此键是被封锁的，为了使此键的操作有效，应设定P0700=1
	停止电动机	OFF1：按此键，变频器将按选定的斜坡下降速率减速停车，以默认值运行时此键被封锁；为了允许此键操作，应设定P0700=1。 OFF2：按此键两次（或一次，但时间较长）电动机将在惯性作用下自由停车。 此功能总是"使能"的
	改变电动机的转动方向	按此键可以改变电动机的转动方向：电动机的反向用负号（–）表示或用闪烁的小数点表示。以默认值运行时此键是被封锁的，为了使此键的操作有效，应设定P0700=1
	电动机点动	在变频器无输出的情况下按此键，将使电动机起动，并按预设定的点动频率运行。释放此键时，变频器停车。如果变频器/电动机正在运行，按此键将不起作用
	功能	此键用于浏览辅助信息 变频器运行过程中，在显示任何一个参数时按下此键并保持不动2 s，将显示以下参数值： 直流回路电压（用d表示–，单位：V） 输出电流（A） 输出频率（Hz）

显示/按钮	功 能	功能的说明
Fn	功能	输出电压（用 o 表示 -，单位：V） 由 P0005 选定的数值（如果 P0005 选择显示上述参数中的任何一个（3，4，或 5），这里将不再显示） 连续多次按此键，将轮流显示以上参数 跳转功能 在显示任何一个参数（rXXXX 或 PXXXX）时短时间按下此键，将立即跳转到 r0000，如果需要的话，可以接着修改其他的参数，跳转到 r0000 后，按此键将返回原来的显示点 退出 在出现故障或报警的情况下，按 **Fn** 键可以将操作板上显示的故障或报警信息复位
P	访问参数	按此键即可访问参数
▲	增加数值	按此键即可增加面板上显示的参数数值
▼	减少数值	按此键即可减少面板上显示的参数数值

用基本操作面板（BOP）更改参数的数值。

表 5-4 为改变参数 P0004 的参数过滤功能。修改下标参数数值见表 5-5，按照该表中说明的类似方法，可以用"BOP"设置任何一个参数。

表 5-4　改变 P0004 - 参数过滤功能

操 作 步 骤	显示的结果
1. 按 **P** 访问参数	r0000
2. 按 **▲** 直到显示出 P0004	P0004
3. 按 **P** 进入参数数值访问级	0
4. 按 **▲** 或 **▼** 达到所需要的数值	7
5. 按 **P** 确认并存储参数的数值	P0004
6. 使用者只能看到电动机的参数	

表 5-5　修改下标参数 P0719

操 作 步 骤	显示的结果
1. 按 **P** 访问参数	r0000
2. 按 **▲** 直到显示出 P019	P0719
3. 按 **P** 进入参数数值访问级	in000
4. 按 **P** 显示当前的设定值	0
5. 按 **▲** 或 **▼** 选择运行所需要的数值	12
6. 按 **P** 确认和存储这一数值	P0719

(续)

操 作 步 骤	显示的结果
7. 按 ⊙ 直到显示出 r0000	`r0000`
8. 按 ⓟ 返回标准的变频器显示（由用户定义）	

修改参数的数值时，BOP 有时会显示 BUSY。表明变频器正忙于处理优先级更高的任务。

为了快速修改参数的数值，可以一个个地单独修改显示出的每个数字，操作步骤如下：确定已处于某一参数数值的访问级。

1）按 ⓕ（功能键），最右边的一个数字闪烁。

2）按 ⊙/⊙，修改这位数字的数值。

3）按 ⓕ（功能键），相邻的下一位数字闪烁。

4）进行 2 至 4 步，直到显示出所要求的数值。

5）按 ⓟ，退出参数数值的访问级。

4. BOP 调试功能

用 BOP 进行调试的步骤：

1）在进行"快速调试"之前，必须完成变频器的机械和电气安装。

2）用 MM440 I/O 板下的 DIP2 开关，设置电动机电源频率 50/60Hz（OFF/ON 切换）。

3）接通变频器电源。

4）进行快速调试。

5）通过 P0004 和 P0003 进行调试。

5.2.3 AOP 调试方式

高级操作面板（AOP）是可选件，如图 5-7 所示。它具有以下特点：

1）多种语言文本显示。

2）多组参数组的上装和下载功能。

3）可以通过 PC 编程。

4）具有链接多个站点的能力，最多可以连接 30 台变频器。

在进行"快速调试"之前，必须完成变频器的机械和电气安装。

P0010 的参数过滤功能和 P0003 选择用户访问级别的功能在调试时十分重要。P0010 = 1 表示启动快速调试。

MICROMASTER 440 变频器有三个用户访问级：标准级，扩展级和专家级。进行快速调试时，访问级较低的用户能够看到的参数较少。这些参数的数值要么是默认设置，要么是快速调试时进行计算得到的。

图 5-7　高级操作板

快速调试包括电动机的参数设定和斜坡函数的参数设定。快速调试的进行与参数 P3900 的设定有关，在它被设定为 1 时，快速调试结束后，要完成必要的电动机参数计算，并使其所有的参数（P0010 = 1 不包括在内）复位为工厂的默认设置。

在 P3900 = 1，并完成快速调试以后，变频器即已做好了运行准备，只是在快速调试方式下才是这种情况，快速调试流程图如图 5-8 所示。

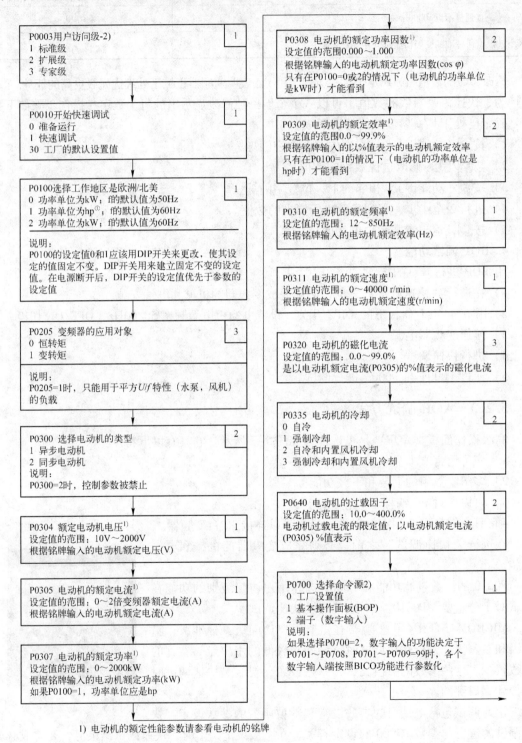

图 5-8 快速调试流程图

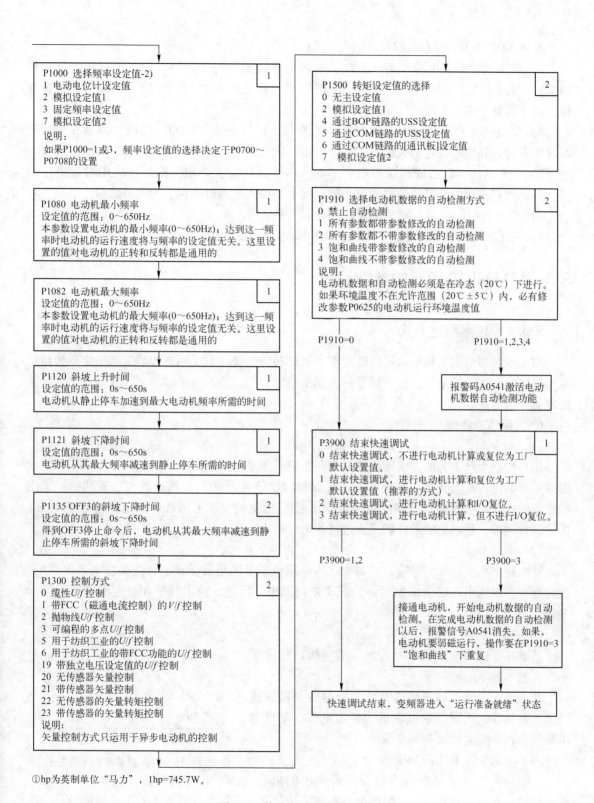

P1000 选择频率设定值-2)　　　　　　　　　1
1 电动电位计设定值
2 模拟设定值1
3 固定频率设定值
7 模拟设定值2
说明：
如果P1000=1或3，频率设定值的选择决定于P0700～
P0708的设置

P1080 电动机最小频率　　　　　　　　　　　1
设定值的范围：0～650Hz
本参数设置电动机的最小频率(0～650Hz)，达到这一频
率时电动机的运行速度将与频率的设定值无关。这里设
置的值对电动机的正转和反转都是通用的

P1082 电动机最大频率　　　　　　　　　　　1
设定值的范围：0～650Hz
本参数设置电动机的最大频率(0～650Hz)，达到这一频
率时电动机的运行速度将与频率的设定值无关。这里设
置的值对电动机的正转和反转都是通用的

P1120 斜坡上升时间　　　　　　　　　　　　1
设定值的范围：0s～650s
电动机从静止停车加速到最大电动机频率所需的时间

P1121 斜坡下降时间　　　　　　　　　　　　1
设定值的范围：0s～650s
电动机从其最大频率减速到静止停车所需的时间

P1135 OFF3的斜坡下降时间　　　　　　　　2
设定值的范围：0s～650s
得到OFF3停止命令后，电动机从其最大频率减速到静
止停车所需的斜坡下降时间

P1300 控制方式　　　　　　　　　　　　　　2
0 缆性U/f控制
1 带FCC（磁通电流控制）的V/f控制
2 抛物线U/f控制
3 可编程的多点U/f控制
5 用于纺织工业的U/f控制
6 用于纺织工业的带FCC功能的U/f控制
19 带独立电压设定值的U/f控制
20 无传感器矢量控制
21 带传感器矢量控制
22 无传感器的矢量转矩控制
23 带传感器的矢量转矩控制
说明：
矢量控制方式只运用于异步电动机的控制

P1500 转矩设定值的选择　　　　　　　　　　2
0 无主设定值
2 模拟设定值1
4 通过BOP链路的USS设定值
5 通过COM链路的USS设定值
6 通过COM链路的[通讯板]设定值
7 模拟设定值2

P1910 选择电动机数据的自动检测方式　　　　2
0 禁止自动检测
1 所有参数都带参数修改的自动检测
2 所有参数都不带参数修改的自动检测
3 饱和曲线带参数修改的自动检测
4 饱和曲线不带参数修改的自动检测
说明：
电动机数据和自动检测必须是在冷态（20℃）下进行。
如果环境温度不在允许范围（20℃±5℃）内，必有修
改参数P0625的电动机运行环境温度值

P1910=0　　　　　　　　　　P1910=1,2,3,4

报警码A0541激活电动
机数据自动检测功能

P3900 结束快速调试　　　　　　　　　　　　1
0 结束快速调试，不进行电动机计算或复位为工厂
　默认设置值。
1 结束快速调试，进行电动机计算和复位为工厂
　默认设置值（推荐的方式）。
2 结束快速调试，进行电动机计算和I/O复位。
3 结束快速调试，进行电动机计算，但不进行I/O复位。

P3900=1,2　　　　　　　　　　P3900=3

接通电动机，开始电动机数据的自动
检测。在完成电动机数据的自动检测
以后，报警信号A0541消失。如果，
电动机要弱磁运行，操作要在P1910=3
"饱和曲线"下重复

快速调试结束，变频器进入"运行准备就绪"状态

①hp为英制单位"马力"，1hp=745.7W。

图5-8　快速调试流程图（续）

在用 BOP/AOP 进行调试时应注意：

1）变频器没有主电源开关，因此当电源电压接通时，变频器就已带电；在按下运行（RUN）键或者在数字输入端 5 出现 ON 信号（正向旋转）之前，变频器的输出一直被封锁，处于等待状态。

2）如果装有 BOP 或 AOP，并且已选定要显示输出频率（P0005 = 21），那么在变频器减速停车时，相应的设定值大约每 1 秒钟显示一次。

3）变频器出厂时已按相同额定功率的西门子四极标准电动机的常规应用对象进行编程。如果用户采用的是其他型号的电动机，就必须输入电动机铭牌上的规格数据。

4）除非 P0010 = 1，否则是不能修改电动机参数的。

5）为了使电动机开始运行，必须将 P0010 返回 0 值。

5.3 MM440 变频器的参数设置

5.3.1 频率给定方式

改变变频器的输出频率就可以改变电动机的转速。要调节变频器的输出频率，变频器必须要提供改变频率的信号，这个信号称为频率给定信号，所谓频率给定方式就是供给变频器给定信号的方式。

1. 常用频率参数

（1）给定频率

用户根据生产工艺的需求所设定的变频器输出频率称为给定频率。例如，原来工频供电的风机电动机现改为变频调速供电，就可设置给定频率为 50Hz，其设置方法有两种：①用变频器的操作面板来输入频率的数字量 50；②从控制接线端上用外部给定（电压或电流）信号进行调节，最常见的形式就是通过外接电位器来完成。

（2）输出频率

输出频率指变频器实际输出的频率。当电动机所带的负载变化时，为使拖动系统稳定，此时变频器的输出频率会根据系统情况不断地调整。因此，输出频率在给定频率附近经常变化。

（3）基准频率

基准频率也叫基本频率。一般以电动机的额定频率作为基本频率的给定值。

基本电压指输出频率到达基准频率时变频器的输出电压，基准电压通常取电动机的额定电压。基准电压和基准频率的关系如图 5-9 所示。

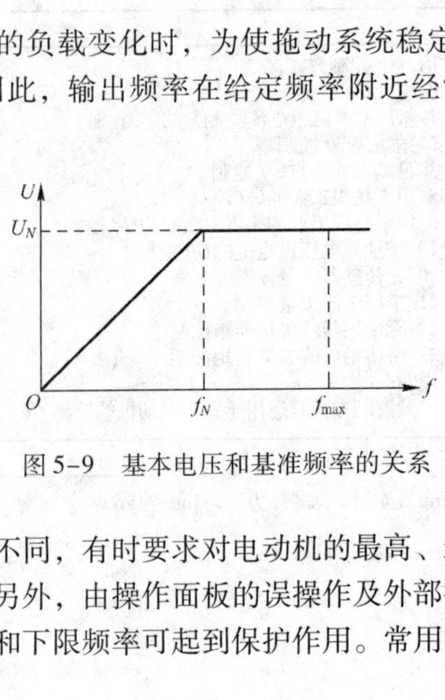

图 5-9　基本电压和基准频率的关系

（4）上限频率和下限频率

上限频率和下限频率分别指变频器输出的最高、最低频率，常用 f_H 和 f_L 表示。根据拖动系统所带负载的不同，有时要求对电动机的最高、最低转速给予限制，以保证拖动系统的安全和产品质量。另外，由操作面板的误操作及外部指令信号的误动作引起的频率过高和过低，设置上限频率和下限频率可起到保护作用。常用的方法就是给变频器的上限频率和下限频率赋值。当变频器的给定频率高于上限频率，或者低于下限频率时，变频器的输出频率将被限制在上限频率或下限频率之间，如图 5-10 所示。例如，设置 $f_H = 60\ Hz$，$f_L = 10\ Hz$。若给定频率为 50 Hz 或 20 Hz，则输出频率与给定频率一致；若给定频率为 70 Hz 或 5 Hz，则输出频率被限制在 60 Hz 或 10 Hz。

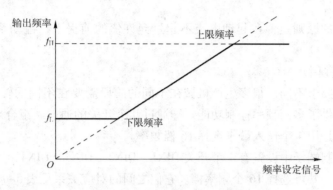

图 5-10　上限频率和下限频率

（5）点动频率

点动频率指变频器在点动时的给定频率。生产机械在调试以及每次新的加工过程开始前需进行点动，以观察整个拖动系统各部分的运转是否良好。为防止发生意外，大多数点动运转的频率都较低。如果每次点动前都需将给定频率修改成点动频率是很麻烦的，所以一般的变频器都提供了预置点动频率的功能。如果预置了点动频率，则每次点动时，只需要将变频器的运行模式切换至点动运行模式即可，不必再改动给定频率。

（6）载波频率（PWM 频率）

PWM 变频器的输出电压是一系列脉冲，脉冲的宽度和间隔均不相等，其大小取决于调制波（基波）和载波（三角波）的交点。载波频率越高，一个周期内脉冲的个数越多，也就是脉冲的频率越高，电流波形的平滑性就越好，但是对其他设备的干扰也越大。如果载波频率预置不合适，还会引起电动机铁心的振动而发出的噪声，因此一般的变频器都提供了 PWM 频率调整的功能，使用户在一定的范围内可以调节该频率，从而使得系统的噪声最小，波形平滑性最好，同时干扰也最小。变频载波频率与性能的关系见表 5-6。

表 5-6　变频器载波频率与性能的关系

载波频率/kHz	电磁噪声	噪声、泄漏电流	电流波形
1	大	小	
8	中	中	介于两者之间
15	小	大	

（7）起动频率

起动频率指电动机开始起动时的频率。这个频率可以从 0 开始，但对于惯性较大或是摩擦转矩较大的负载，需要加大起动转矩。此时可使频率加大至起动频率，此时的起动电流也较大。一般的变频器都可以预置起动频率，一旦预置该频率，变频器对小于起动频率的运行频率将不予理睬。

给定起动频率的原则是：在起动电流不超过允许值的前提下，拖动系统能够顺利起动为宜。

（8）多档转速频率

由于工艺上的要求不同，很多生产机械在不同的阶段需要在不同的转速下运行。为此，大多数变频器均提供了多档频率控制功能。即通过几个开关的通、断组合来选择不同的运行频率。常见的形式是用 4 个输入端来选择 16 档频率。

在变频器的控制端子中设置有 4 个开关 DIN1、DIN2、DIN3、DIN4，用开关状态的组合来选择各档频率，一共可选择 16 个频率档。它们之间的对应关系见表 5-7。

表 5-7　DIN 状态组合与转速频率对应关系

状态 频率	DIN4 状态	DIN3 状态	DIN2 状态	DIN1 状态
OFF	0	0	0	0
FF1	0	0	0	1
FF2	0	0	1	0
FF3	0	0	1	1
FF4	0	1	0	0
FF5	0	1	0	1
FF6	0	1	1	0
FF7	0	1	1	1
FF8	1	0	0	0
FF9	1	0	0	1
FF10	1	0	1	0
FF11	1	0	1	1
FF12	1	1	0	0
FF13	1	1	0	1
FF14	1	1	1	0
FF15	1	1	1	1

开关状态的组合与各档频率之间的关系如图 5-11 所示。

（9）跳跃频率

跳跃频率也叫作回避频率，是指不允许变频器连续输出的频率，常用 f_j 表示。由于生产机械运转时的振动和转速有关，当电动机调到某一转速（变频器输出某一频率）时，机械振动的频率与它的固有频率就会发生谐振，所对应的转速为谐振转速，所以变频器的输出频率应跳过谐振转速所对应的频率。

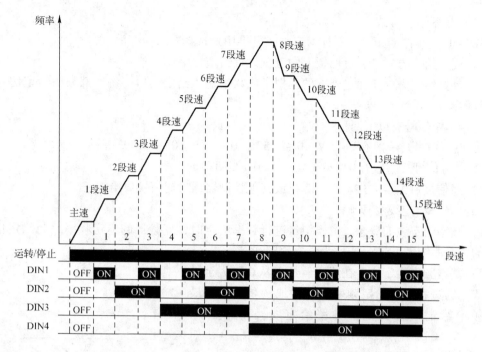

图 5-11　开关状态的组合与各档频率之间的关系

变频器在预置跳跃频率时通常预置一个跳跃区间，区间的下限是 f_{J1}、上限是 f_{J2}，如果给定频率处于 f_{J1}、f_{J2} 之间，变频器的输出频率将被限制在 f_{J1}。为方便用户使用，大部分的变频器都提供了 2～3 个跳跃区间。跳跃频率的工作区间如图 5-12 所示。

例如，若 $f_{J1}=30\ Hz$，$f_{J2}=35\ Hz$；给定频率为 32 Hz 时，变频器的输出频率为 30 Hz。若 $f_{J1}=35\ Hz$，$f_{J2}=30\ Hz$；给定频率为 32 Hz 时，变频器的输出频率为 35 Hz。

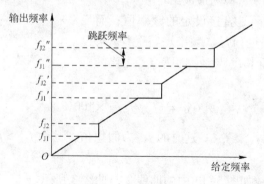

图 5-12　跳跃频率的工作区间

2. 频率的给定

改变变频器的输出频率就可以改变电动机的转速。要调节变频器的输出频率，变频器必须提供改变频率的信号，这个信号称为频率给定信号，所谓频率给定方式就是供给变频器给定信号的方式。

变频器的频率给定方式主要有：面板操作给定，输入数字量端口给定，模拟信号给定，脉冲给定和通信方式给定。这些给定方式各有优缺点，必须根据实际情况进行选择，给定方式的选择由信号端口和变频器参数设置完成。

（1）频率给定方式

MM440变频器的频率有三种给定方式可供用户选择：

1）面板给定方式。通过面板上的键盘设置给定频率。

2）外接给定方式。通过外部的模拟量或数字输入给定端口，将外部频率给定信号传送给变频器。

外接给定信号有以下两种：

① 电压信号。一般有 $0 \sim 5\,V$、$0 \sim \pm 5\,V$、$0 \sim 10\,V$、$0 \sim \pm 10\,V$ 等。

② 电流信号。一般有 $0 \sim 20\,mA$、$4 \sim 20\,mA$ 两种。

3）通信接口给定方式。由计算机或其他控制器通过通信接口给定。

（2）频率给定线及其预置

1）频率给定线的概念。由模拟量进行频率给定时，变频器的给定频率 f_X 与给定信号 X 之间的关系曲线 $f_X = f(X)$，称为频率给定线。

2）基本频率给定线。在给定信号 X 从 0 增大至最大值 X_{max} 的过程中，给定频率 f_X 线性地从 0 增大至最大，频率给定线称为基本频率给定线。其起点为 $(X=0, f_X=0)$；终点为 $(X=X_{max}, f_X=f_{max})$，如图5-13中曲线1所示。

3）频率给定线的预置频率。给定线的起点和终点坐标可以根据拖动系统的需要任意预置：

① 起点坐标 $(X=0, f_X=f_{BI})$，f_{BI} 为给定信号 $X=0$ 时所对应的给定频率，称为偏置频率。

② 终点坐标 $(X=X_{max}, f_X=f_{Xm})$，f_{Xm} 为给定信号 $X=X_{max}$ 时对应的给定频率。称为最大给定频率。

预置时，偏置频率 f_{BI} 是直接设定的频率值；而最大给定频率 f_{Xm} 常常是通过预置"频率增益" $G\%$ 来设定的。$G\%$ 即最大给定频率 f_{Xm} 与最大频率 f_{max} 之比的百分数，可表示为

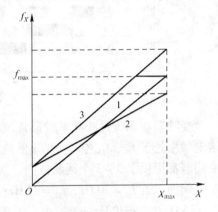

图5-13　频率给定线
1—基本频率给定线；
2—$G\% < 100\%$ 的频率给定线；
3—$G\% > 100\%$ 的频率给定线

$$G\% = (f_{Xm}/f_{max}) \times 100\%$$

如 $G\% > 100\%$，则 $f_{Xm} > f_{max}$。这时的 f_{Xm} 为假想值，其中 $f_{Xm} > f_{max}$ 的部分，变频器的实际输出频率等于 f_{max}。

预置后的频率给定线如图5-13中的曲线2与曲线3所示。

（3）最大频率、最大给定频率与上限频率的区别

最大频率 f_{max} 和最大给定频率 f_{Xm}，都与最大给定信号 X_{max} 相对应，但最大频率 f_{max} 通常是根据基准情况决定的，而最大给定频率 f_{Xm} 常常是根据实际情况进行修正的结果。当 $f_{Xm} < f_{max}$ 时，变频器能够输出的最大频率由 f_{Xm} 决定，f_{Xm} 与 X_{max} 对应；当 $f_{Xm} > f_{max}$ 时，变频器能够输出的最大频率由 f_{max} 决定。

上限频率 f_H 是根据生产需要预置的最大运行频率，它并不和某个确定的给定信号 X 相对应。当 $f_H < f_{max}$ 时，变频器能够输出的最大频率由 f_{Xm} 决定，f_{Xm} 与 f_{max} 对应；当 $f_{Xm} > f_{max}$ 时，

变频器能够输出的最大频率由f_{max}决定。

上限频率f_H是根据生产需要预置的最大运行频率，它并不和某个确定的给定信号X相对应。当$f_H < f_{max}$时，变频器能够输出的最大频率由f_H决定，f_H并不与X_{max}对应；当$f_H > f_{max}$时，变频器能够输出的最大频率由f_{max}决定。

如图5-14所示，假设给定信号为0~10V的电压信号，最大频率$f_{max} = 50$Hz，最大给定频率为$f_{Xm} = 52$Hz，上限频率为$f_H = 40$Hz，则有：

1）频率给定线的起点为（0，0），终点为（10，52）。

2）在频率较小（<40Hz）的情况下，频率f_X与给定信号X之间的对应关系由频率给定线决定。如$X = 5$V，则$f_X = 26$Hz。

3）变频器实际输出的最大频率为40Hz。在这里，与上限频率（40Hz）对应的给定信号为多大并不重要。

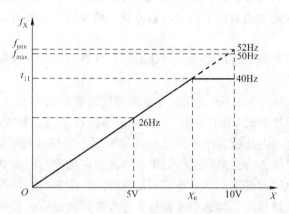

图5-14　最大频率、最大给定频率与上限频率

5.3.2　变频器的启动、制动方式

变频器的启动、制动方式是指变频器从停机状态到运行状态的起动方式、从运行状态到停机状态的制动方式以及从某一运行频率到另一运行频率的加速或减速方式。

1. 升速特性

不同的生产机械加速过程的要求不同。根据各种负载的不同要求，变频器给出了各种不同的加速曲线（模式）供用户选择。常见的曲线形式有线性方式、S形方式和半S形方式等，如图5-15所示。

1）线性方式在加速过程中，频率与时间成线性方式，如图5-15a所示，如果没有特殊要求，一般的负载大多选用线性方式。

2）S形方式的初始阶段加速较缓慢，中间阶段为线性加速，尾端加速逐渐为零，如图5-15b所示。这种曲线适用于带式输送机一类的负载。这类负载往往满载起动，传送带上的物体静摩擦力较小，刚起动时加速较慢，以防止输送带上的物体滑动，到尾段加速减慢也是这个原因。

3）半S形方式加速时一半为S形方式，另一半为线性方式，如图5-15c所示。对于风机和泵类负载，低速时负载较轻，加速过程可以快一些。随着转速的升高，其阻转矩迅速增

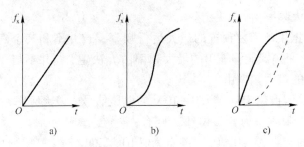

图 5-15　变频器的加速曲线

a）线性方式；b）S形方式；c）半S形方式

加，加速过程应适当减慢。反映在曲线上，就是加速的前半段为线性方式，后半段为S形方式。而对于一些惯性较大的负载，加速初期加速过程较慢，到加速的后期可适当加快其加速过程。反映在图上，就是加速的前半段为S形方式，后半段为线性方式。

2. 启动方式

变频器启动时，启动频率可以很低，加速时间可以自行给定，这样就能有效解决起动电流大和机械冲击的问题。

加速时间是指工作频率从0 Hz上升至基本频率所需要的时间，各种变频器都提供了在一定范围内可任意给定加速时间的功能。用户可根据拖动系统的情况自行给定一个加速时间。加速时间越长，起动电流就越小，起动也就越平缓，但却延长了拖动系统的过渡过程，对于频繁起动的机械来说，将会降低生产效率。因此给定加速时间的基本原则是在电动机的起动电流不超过允许值的前提下，尽量地缩短加速时间。由于影响加速过程的因素是拖动系统的惯性，故系统的惯性越大，加速难度就越大，加速时间也应该长一些。但在具体的操作过程中，由于计算非常复杂，可以将加速时间先设置得长一些，观察起动电流的大小，然后再慢慢缩短加速时间。

3. 降速特性

（1）降速过程的特点

降速过程与升速过程相仿，拖动系统的降速和停止过程是通过逐渐降低频率来实现的。这时，电动机将因同步转速低于转子转速而处于再生制动状态，并使直流电压升高。如频率下降太快，也会使转差增大，一方面使再生电流增大，另一方面直流电压也可能升高至超过允许值的程度。

（2）可供选择的降速功能

1）降速时间。降速时间指给定频率从基本频率下降至0所需的时间。显然，降速时间越短，频率下降越快，越容易引起过电压和过电流。

2）降速方式和升速相仿，也有三种方式：

① 线性方式。在降速过程中，频率与时间呈线性关系，如图5-16中的曲线1所示。

② S形方式。在开始阶段和结束阶段，降速过程比较缓慢，而在中间阶段，则按线性方式降速，如图5-16中的曲线2所示。

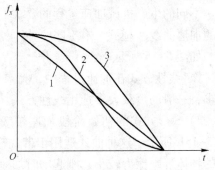

图 5-16　变频器的降速曲线

1—线性降速方式；2—S形降速方式；
3—半S形降速方式

96

③ 半 S 形方式。降速过程呈半 S 形，如图 5-16 中的曲线 3 所示。

4. 制动方式

电动机停车方式由 P0700 和 P0701 ~ P0708 设置。制动时有如下几种方式：

（1）由外接数字端子控制。将 P0700 设为 2，P0701 设为 1，即可由外接数字端子 5（DIN1，低电平）控制电动机制动，制动时间由 P1121 设置斜坡下降时间。

（2）由 BOP 的 OFF 键控制。将 P0700 设为 1，P0700 设为 3，OFF 设为 2，即按惯性自由停车。用 BOP 上的 OFF（停车）键控制时，按下 OFF 键（持续 2 s）或按两次 OFF（停车）键即可。

（3）用 OFF3 命令使电动机快速地减速停车。将 P0701 设为 4，在设置了 OFF3 的情况下，为了起动电动机，二进制输入端必须闭合（高电平）。如果 OFF3 为高电平，电动机才能起动起来，并用 OFF1 或 OFF2 方式停车。如果 OFF3 为低电平，电动机不能起动。OFF3 可以同时具有直流制动、复合制动的功能。

（4）直流注入制动。变频调速系统降速过程中，电动机因为处于再生制动状态而迅速降速。但随着转速的下降，拖动系统的动能减小，电动机的再生能力和制动转矩也随之减小。所以，在惯性较大的拖动系统中，会出现低速时停不住的"爬行"现象。为了克服"爬行"现象，当拖动系统的转速下降到一定程度时，向电动机绕组中通入直流电流，以加大制动转矩，使拖动系统迅速停住。

在预置直流制动功能时，主要设定以下项目：

1）直流制动电压。即需要向电动机绕组施加的直流电压。拖动系统的惯性越大，直流制动电压的设定值也越大。

2）直流制动时间。即向电动机绕组施加直流电压的时间，可设定得比估计时间略长一些。

3）直流制动的起始频率。即变频调速系统由再生制动状态变为直流制动状态的起始频率。拖动系统的惯性越大，直流制动的起始频率的设定值也越大。

4）直流注入制动可以与 OFF1 和 OFF3 命令同时使用。向电动机注入直流电流时，电动机将快速停止，并在制动作用结束之前一直保持电动机轴静止不动。

"使能"直流注入制动可由参数 P0701 ~ P0708 设置为 25，直流制动的持续时间可由参数 P1233 设置，直流制动电流可由参数 P1232 设置。直流制动的起始频率可由参数 P1234 设置。如果没有将数字输入端设定为直流注入制动，而且 P1233≠0，那么直流制动将在每个 OFF1 命令之后起作用，制动作用的持续时间由 P1233 设定。

（5）复合制动。复合制动可以与 OFF1 和 OFF3 命令同时使用。为了进行复合制动，应在交流电流中加入直流分量。制动电流可由参数 P1236 设定。

（6）用外接制动电阻进行动力制动。用外接制动电阻（外形尺寸为 A ~ F 的 MM440 变频器采用内置的斩波器）进行制动时，按线性方式平滑、可控地降低电动机的速度，如图 5-17 所示。

5.3.3　变频器的运转指令方式

变频器的运转指令方式是指如何控制变频器的基本运行功能，这些功能包括起动、停止、正转与反转、正向点动与反向点动、复位等。

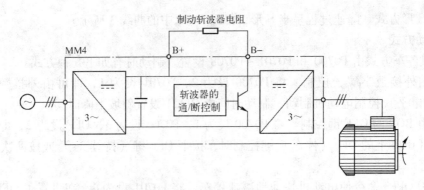

图 5-17 外接制动电阻进行动力制动

与变频器的频率给定方式一样,变频器的运转指令方式也有操作器键盘控制、端子控制和通信控制三种。这些运转指令方式必须按照实际的需要进行选择设置,同时也可以根据功能进行切换。

1. 操作器键盘控制

操作器键盘控制是变频器最简单的运转指令方式,用户可以通过变频器的操作器键盘上的运行键、停止键、点动键和复位键来直接控制变频器的运转。

操作器键盘控制的最大特点就是方便实用,同时又能起到故障报警功能,即能够将变频器是否运行、是否有故障、是否在报警都能告知用户,使用户真正了解到变频器是否确实在运行中、是否在报警(过载、超温、堵转等)以及通过 LED 或 LCD 显示故障类型。

变频器的操作器键盘通常可以通过延长线放置在用户容易操作的 5m 以内的空间里,距离较远时则必须使用远程操作器键盘。

在操作器键盘控制下,变频器的正转和反转可以通过正反转键切换和选择。如果键盘定义的正转方向与实际电动机的正转方向(或设备的前行方向)相反时,可以通过修改相关的参数来更正,如有些变频器参数定义是"正转有效"或"反转有效",有些变频器参数定义则是"与命令方向相同"或"与命令方向相反"。

对于某些生产设备是不允许反转的,如泵类负载,变频器则专门设置了禁止电动机反转的功能参数。该功能对端子控制、通信控制都有效。

2. 端子控制

端子控制是变频器的运转指令通过其外接输入端子从外部输入开关信号(或电平信号)来进行控制的方式。

这时按钮、选择开关、继电器、PLC 或 DCS 的继电器模块就替代了操作器键盘上的运行键、停止键、点动键和复位键,可以在远距离来控制变频器的运转。

在图 5-18 中的正转(FWD)、反转(REV)、点动(JOG)、复位(RESET)、使能(ENABLE)在实际变频器的端子中有三种具体表现形式:

① 上述几个功能都是由专用的端子组成,即每个端子固定为一种功能。在实际接线中非常简单,不会

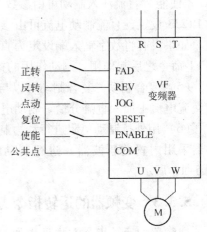

图 5-18 端子控制原理

造成误解，这在早期的变频器中较为普遍。

② 上述几个功能都是由通用的多功能端子组成，即每个端子都不固定，可以通过定义多功能端子的具体内容来实现。在实际接线中，非常灵活，可以大量节省端子空间。目前的小型变频器都有这个趋向，如艾默生 td900 变频器。

③ 上述几个功能除正转和反转功能由专用固定端子实现外，其余如点动、复位、使能融合在多功能端子中来实现。在实际接线中，能充分考虑到灵活性和简单性。现在大部分主流变频器都采用这种方式。

（1）端子控制正反转

由变频器拖动的电动机负载实现正转和反转功能非常简单，只需改变控制回路（或激活正转和反转）即可，无须改变主回路。

常见的正、反转控制有两种方法，如图 5-19 所示。FWD 代表正转端子，REV 代表反转端子，S1、S2 代表正反转控制的接点信号（"0" 表示断开、"1" 表示接通）。图 5-19a 的方法中，FWD 和 REV 中的一个就能正反转控制，即 FWD 接通后正转、REV 接通后反转，若两者都接通或都不接通，则表示停机。图 5-19b 的方法中，接通 FWD 才能正反转控制，即 REV 不接通表示正转、REV 接通表示反转，若 FWD 不接通，则表示停机。

这两种方法在不同的变频器里有些只能选择其中的一种，有些可以通过功能设置来选择任意一种。但是如变频器定义为 "反转禁止" 时，则反转端子无效。

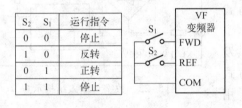

图 5-19 正反转控制原理

a）控制方法一 b）控制方法二

变频器由正向运转过渡到反向运转，或者由反向运转过渡到正向运转的过程中，中间都有输出零频的阶段，在这个阶段中，设置一个等待时间，即称为 "正反转死区时间"，如图 5-20 所示。

（2）三线制控制模式

三线制控制模式的 "三线" 是指自锁控制时需要将控制线接入到三个输入端子。

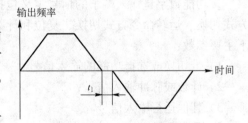

图 5-20 正反转死区时间

三线制控制模式共有两种类型，如图 5-21a 和图 5-21b 所示。两者的唯一区别是右边一种可以接收脉冲控制，即用脉冲的上升沿来替代 SB2（启动），下降沿来替代 SB1（停止）。在脉冲控制中，要求 SB1 和 SB2 的指令脉冲能够保持时间达 50 ms 以上，否则为不动作。

（3）数字量输入端子

数字量输入端子是用于控制输入变频器运行状态的信号，这些信号包括待机准备、运

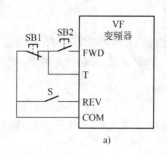 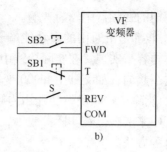

图 5-21　三线制端子控制

a）控制方法一　b）控制方法二

行、故障以及其他与变频器频率有关的内容。这些数字开关量信号，除固定端子（正转、反转和点动）外，其余均为多功能数字量输入端子。

常见的数字量输入端子都采用光耦合隔离方式，且应用了全桥整流电路，如图 5-22 所示，PL 是数字量输入 FWD（正转）、REV（反转）、XI（多功能输入）端子的公共端子，流经 PL 端子的电流可以是拉电流，也可以是灌电流。

数字量输入端子与外部接口方式非常灵活，主要有以下几种：

1）干接点方式。它可以使用变频器内部电源，也可以使用外部电源 DC 9～30 V。这种方式常见于按钮、继电器等信号源。

2）源极方式。当外部控制器为 NPN 型的共发射极输出的连接方式时，为源极方式。这种方式常见于接近开关或旋转脉冲编码器输入信号，用于测速、计数或限位动作等。

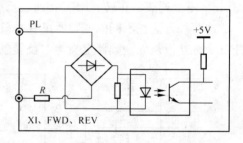

图 5-22　数字量输入结构示意

3）漏极方式。当外部控制器为 PNP 型的共发射极输出的连接方式时，为漏极方式。这种方式的信号源与源极相同。

多功能数字量输入端子的信号定义包括多段速度选择、多段加减速时间选择、频率给定方式切换、运转命令方式切换、复位和计数输入等。综合各类变频器的输入定义，具体有以下主要参数：

1）带切换或选择功能的输入信号；

2）计数或脉冲输入信号；

3）其他运行输入信号。

3. 通信控制

通信控制的方式与通信给定的方式相同，在不增加线路的情况下，只需对上位机给变频器的传输数据改一下即可对变频器进行正反转、点动、故障复位等控制。

变频器的通信方式可以组成单主单从或单主多从的通信控制系统，利用上位机（PC 机、PLC 控制器或 DCS 控制系统）软件可实现对网络中变频器的实时监控，完成远程控制、自动控制，以及实现更复杂的运行控制，如无限多段程序运行。

常规的通信端子接线分为三种：

1）通过 RS - 232 接口与上位机 RS - 232 通信。

2）通过 RS-232 接口接调制解调器后与上位机联机。

3）通过 RS-485 接口与上位机 RS-485 通信。

【例 5-1】电动机点动运行控制。

变频器控制电动机的点动运行又称为寸动运行，即通过 BOP 的"jog"按钮或外接数字端子来控制电动机按照预置的点动频率进行点动运行。下面分别对这两种控制方法和基本参考设置予以介绍。

（1）由 BOP 控制

1）按图 5-23 所示电路接线。

2）参数设置。

① 设置电动机参数。为了使电动机与变频器相匹配，需要设置电动机的相关参数。电动机选用型号为 YS-7112，具体参数设置见表 5-8。电动机参数设置完成后，设 P0010 为 0，变频器当前处于准备状态，可正常运行。

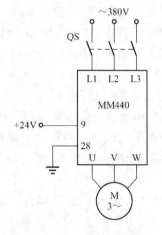

图 5-23　BOP 控制电动机点动运行

表 5-8　电动机点动运行基本操作控制参数

参数号	出厂值	设置值	说　明
P0003	1	1	设用户访问级为标准级
P0010	0	1	快速调试：可快速对电动机参数和斜坡函数的参数进行设定
P0100	0	0	工作地区：功率的单位为 kW，频率为 50 Hz
P0304	230	380	电动机额定电压（V）
P0305	3.25	0.95	电动机额定电流（A）
P0307	0.15	0.31	电动机额定功率（kW）
P0308	0	0.8	电动机额定功率因数（cosφ）
P0310	50	50	电动机额定频率（Hz）
P0311	0	2800	电动机额定转速（r/min）

② 设置 BOP 面板基本操作控制参数，见表 5-9。

表 5-9　电动机点动运行 BOP 面板基本操作控制参数

参数号	出厂值	设置值	说　明
P0003	1	1	设用户访问级为标准级
P0700	2	1	选择命令源：由 BOP 输入设定值
P0004	0	10	参数过滤：设为 10，即设定值通道和斜坡函数发生器
P0003	1	2	设用户访问级为扩展级
P1058	5	5	正向点动频率（Hz）
P1060	10	5	点动斜坡上升时间（s）
P1061	10	3	点动斜坡下降时间（s）

③操作控制。在变频器的前操作面板上按下点动"jog"键，变频器驱动电动机点动运行。

（2）由外接端子控制方式

1）按图5-24所示电路接线。

2）设置电动机点动运行外接数字输入端子控制参数，见表5-10。

3）操作控制。

①电动机正向点动运行。按下SB1按钮，变频器数字输入端子DIN1为"ON"，电动机按照P1058所设的正向点动频率和P1060、P1061所设的点动斜坡上升、下降时间正向点动运行。

②电动机反向点动运行。按下SB2按钮，变频器数字输入端子DIN2为"ON"，电动机按照P1059所设的正向点动频率和P1060、P1061所设的点动斜坡上升、下降时间反向点动运行。

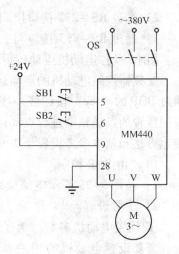

图5-24　外接数字输入端子控制点动运行线路

表5-10　电动机点动运行外接输入端子控制参数设置

参数号	出厂值	设置值	说　　明
P0003	1	1	设用户访问级为标准级
P0004	0	7	命令和数字I/O
P0700	2	2	选择命令源：由端子排输入
P0003	1	2	设用户访问级为扩展级
P0004	0	7	命令和数字I/O
P0701	1	10	正向点动
P0702	1	11	反向点动
P0004	0	10	参数过滤：设为10，即设定值通道和斜坡函数发生器
P0003	1	2	设用户访问级为扩展级
P1058	5	5	正向点动频率（Hz）
P1059	5	5	反向点动频率（Hz）
P1060	10	5	点动斜坡上升时间（s）
P1061	10	5	点动斜坡下降时间（s）

5.4　本章小结

西门子MM440系列变频器采用矢量控制技术，即使发生突然负载变化时也能具有较高的驱动性能，具有良好的稳定性和工作精度，因此在工业控制中广泛应用。

MM440变频器的频率给定和运转指令方式都有面板给定、外接端子给定和通信接口给定三种方式，每种方式都有各自的特点和应用价值，要合理选用。起、制动方式也均有线性、半S形和S形三种方式。

本章主要介绍了 MM440 系列变频器的主要性能和技术规格,以及变频器的常用设置方式,并通过图表等形式详细介绍了变频器常用功能的参数设置和使用方法。

5.5　测试题

一、选择题

1. MM440 变频器操作面板上的显示屏幕可显示(　　)位数字或字母。

   A. 2　　　　　　B. 3　　　　　　C. 4　　　　　　D. 5

2. MM440 变频器要使操作面板有效,应设参数(　　)。

   A. P0010 = 1　　B. P0010 = 0　　C. P0700 = 1　　D. P0700 = 2

3. MM440 变频器频率控制方式由功能码(　　)设定。

   A. P0003　　　　B. P0010　　　　C. P0700　　　　D. P1000

4. 以下(　　)型号的变频器不是西门子公司的产品。

   A. MM440　　　B. ACS800　　　C. 6SE70　　　D. G150

二、判断题

1. 西门子变频器参数 P0003 用于定义参数的访问级,有四个用户访问级,即标准级、扩展级、专家级和维修级,默认值为第 1 级。　　　　　　　　　　　　　　　(　　)

2. MM440 变频器的参数只能用基本操作面板(BOP)、高级操作面板(AOP)或者通过串行通信接口进行修改。　　　　　　　　　　　　　　　　　　　　　　(　　)

三、识图题

1. MM440 变频器的操作面板如下图所示。

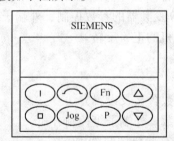

(1)数码显示屏可以显示几位数字量或简单的英文字母。

(2)在图中,注明各键的功能。

四、综合题

1. 有一车床用变频器控制主轴电动机转动,要求用操作面板进行频率和运行控制。已知电动机功率为 22 kW,额定电压为 380 V,功率因数为 0.85,效率为 0.95,转速范围 200 ~ 1450 r/min,请设定功能参数。

2. 已知某交流异步电动机铭牌:电压 380 V;转速:1440 r/min;功率:75 kW;电流:154 A;频率:50 Hz;接法:D;工作方式:连续;绝缘等级 B。请用 MM440 进行快速参数设置。

第6章 变频器实现电动机的正、反转控制

【导学】

📖 在日常生活及生产实际中，如电梯的升降、磨床工作台的往复运动等是如何实现的？通过变频器可以实现吗？

在日常生活及生产中，如电梯的升降、磨床工作台的往复运动等都是通过电动机的正、反转实现的。三相异步电动机正、反转的切换原理是将其电源的相序中任意两相对调（称为换相）。电动机的正、反转控制应用广泛，例如行车、木工用的电刨床、台钻、刻丝机、甩干机、车床等。

最初，要实现某种设备的反转需要拆换电动机导线，这种方法在实际使用中十分不便。后来，人们使用倒顺开关来改变电动机的正反转。这种方法接线比较简单，体积也较小，切换也较方便，但由于受到触点容量的限制，只能在小型的电动机上使用。

伴随着接触器的诞生，电动机的正、反转电路也有了进一步的发展，可以更加灵活方便地控制电机的正、反转，并且在电路中增加了保护电路——互锁和双重互锁，可以实现低电压和远距离的频繁控制。

电动机的正、反转控制，伴随着电子技术的发展，相继出现了 PLC、变频器等控制技术，控制电路也有了进一步的改善。

本章主要介绍西门子 MM440 变频器的参数控制、外端子控制、组合控制和与 PLC 联机控制等四种控制方式，实现电动机的正、反转。

【学习目标】

1）了解 MM440 变频器的参数含义及设置方法。
2）掌握 MM440 变频器的参数、外端子等控制方式。
3）掌握 MM440 变频器与 PLC 联机控制方式。
4）能够运用 MM440 变频器实现电动机的正、反转控制。

在生产实践应用中，三相异步电动机的正、反转控制是比较常见的，比如利用继电器 - 接触器实现电动机的正、反转控制电路，这里主要介绍利用变频器实现电动机正、反转控制的相关操作。

6.1 参数控制方式

变频器参数控制方式是用基本操作面板（BOP）上的按钮设置 MM440 变频器的相关参数，使电动机能够在预设频率下正、反向运行。

6.1.1 用 BOP 设置、修改变频器参数

用 BOP 设置、修改变频器参数的主要步骤如下：

（1）根据控制要求绘制 MM440 变频器电路图

MM440 在默认设置时，用 BOP 控制电动机的功能是被禁止的。如果要用 BOP 进行控制，参数 P0700 应设置为 1，参数 P1000 也应设置为 1。MM440 变频器、电动机参数设置见附录 1 中各表。

根据控制要求绘制 MM440 变频器电路如图 6-1 所示，电路中电源单相输入，三相输出。对照电路检查接线，无误后合上主电路断路器 QF。

（2）恢复变频器工厂默认值

用 BOP 将变频器所有参数复位为工厂默认值的方法如下：

1）设置 P0010＝30，工厂默认设定值。

2）设置 P0970＝1，参数复位。

按下 P 键，开始复位，复位过程约需 3 min 才能完成，这样就可保证变频器的参数回复到工厂默认值。

（3）设置／修改电动机参数

为了使变频器参数与电动机实际铭牌数据相匹配，需修改电动机参数。电动机参数设置见表 6-1。注意：电动机额定数据必须在快速调试下才能修改。

图 6-1 MM440 变频器面板基本操作接线图

表 6-1 设置电动机参数表

参数号	出厂值	设置值	说　明
P0003	1	1	设用户访问级为标准级
P0010	0	1	快速调试
P0100	0	0	功率单位为 kW，频率为 50 Hz
P0304	400	380	电动机额定电压（V）
P0305	1.90	0.80	电动机额定电流（A）
P0307	0.75	0.11	电动机额定功率（kW）
P0310	50	50	电动机额定频率（Hz）
P0311	1395	1400	电动机额定转速（r/min）

电动机参数设定完成后，设 P0010＝0，使变频器当前处于准备状态，可正常运行。

（4）设置电动机运行控制参数

用 BOP 按键控制电动机运行，需要激活操作面板各按键的功能，实现电动机正向运行、反向运行、正向点动、反向点动控制。面板基本操作控制参数见表 6-2。

其中，P0003、P0004、P0700 控制命令由 BOP 发布，P0003、P0004、P1000 频率设定值由 BOP 设置，P1080、P1082、P0003、P0004、P1040、P1058、P1059、P1060、P1061 设置运行特性。

表 6-2　面板基本操作控制参数表

参数号	出厂值	设置值	说　明
P0003	1	1	设用户访问级为标准级
P0004	0	7	命令和数字 I/O
P0700	2	1	由键盘输入设定值（选择命令源）
P0003	1	1	设用户访问级为标准级
P0004	0	10	设定值通道和斜坡函数发生器
P1000	2	1	由键盘（电动电位计）输入设定值
*P1080	0	0	电动机运行的最低频率（Hz）
*P1082	50	50	电动机运行的最高频率（Hz）
P0003	1	2	设用户访问级为扩展级
P0004	0	10	设定值通道和斜坡函数发生器
*P1040	5	20	设定键盘控制的频率值（Hz）
*P1058	5	10	正向点动频率（Hz）
*P1059	5	10	反向点动频率（Hz）
*P1060	10	5	点动斜坡上升时间（s）
*P1061	10	5	点动斜坡下降时间（s）

注："*"号表示该参数可根据用户要求设置。

用 BOP 改变电动机旋转方向及转速的方法：

1）用参数 P1032 设置，

设置 P1032 = 0，允许反向，用 BOP 按键输入反向设定值（P1040 取负）。

设置 P1032 = 1，禁止反向（默认）。

2）用 BOP 的升/降键增加/降低运行频率。

3）按 BOP 的反向键，电动机减速到零，反向起动到设定值。

6.1.2　用 BOP 控制变频器运行

（1）正向运行

变频器基本操作面板如图 6-2 所示，按 BOP 上的"运行键" ，变频器将驱动电动机按照设定的斜坡上升时间升速，并运行在由参数 P1040 设置的频率上（20 Hz），对应的转速为 560 r/min。

电动机的转速（频率）及旋转方向可直接按 BOP 面板上的增加键/减少键来改变。设置 P1031 = 1（默认），由增加键 /减少键 改变了的频率设定值被保存在内存中。

（2）停止运行

按 BOP 面板上的"停止键" ，则变频器将驱动电动机降速至零。

（3）点动运行

1）正向点动。

图 6-2　变频器基本操作面板（BOP）

按 BOP 上的"点动键" 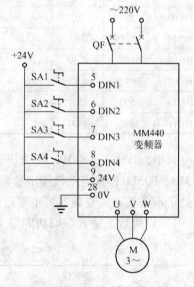，变频器将驱动电动机按预置点动斜坡上升时间升速，并运行在由 P1058 设置的正向点动频率上。松开"点动键" ，变频器驱动电动机按预置点动斜坡下降时间降速至零。

2）反向点动。

先按 BOP 上的"换向键" ，再按"点动键" ，电动机反向起动，并运行在由 P1059 设置的反向点动频率上。松开反向点动键，变频器驱动电动机降速至零。

6.2 外端子控制方式

6.2.1 用 MM440 数字输入端口开关操作

MM440 变频器有 6 个数字输入接口（DIN1 ~ DIN6："5""6""7""8""16"和"17"），其功能很多，可根据需要进行设置。参数号 P0701 ~ P0706 为与端口数字输入 1 功能至数字输入 6 功能，每一个数字输入功能设置参数值范围均为 0 ~ 99，出厂默认值均为 1。以下列出其中几个常用的参数值。

如端口 1，用 P0701 定义，参数值的含义：

P0701 = 1，ON 接通正转/OFF 为 OFF1 停车。

P0701 = 2，ON 接通反转/OFF 为 OFF1 停车。

P0701 = 3，OFF2 停车（按惯性自由停车）。

P0701 = 4，OFF3 停车，按斜坡函数曲线快速降速停车。

P0701 = 9，故障确认。

P0701 = 10，正向点动。

P0701 = 11，反向点动。

P0701 = 12，反转。

P0701 = 15，固定频率设定值（直接选择）。

P0701 = 17，固定频率设定值（二进制编码 + ON）。

P0701 = 25，直流注入制动。

（1）MM440 变频器数字输入端口与外部开关的连接

根据控制要求，设计绘制 MM440 接线图，包括主电路及数字量输入端口与外部开关的连接。按图 6-3 所示将外部操作开关连接到 MM440 变频器的数字输入端口。其中，SA1 ~ SA4 为二位置旋钮。

图 6-3 变频器外部运行操作接线图

（2）外部操作开关的功能及参数设定

外部操作开关的功能及参数的设定，见表 6-3。

（3）MM440 变频器数字输入端口开关操作运行步骤

1）按图 6-3 连接电路，检查线路正确后，合上变频器电源开关 QF。

2）恢复变频器工厂默认值，见表 6-4。

表6-3　外部操作开关的功能及参数设定

输入端口	端 口 号	开关代号	控制参数	控制功能	默 认 值	设 定 值
DIN1	5	SA1	P0701	正转/停止	1	1
DIN2	6	SA2	P0702	反转/停止	1	2
DIN3	7	SA3	P0703	正向点动	9	10
DIN4	8	SA4	P0704	反向点动	15	11

表6-4　恢复变频器工厂默认值

参 数 号	出 厂 值	设 置 值	说 明
P0010	0	30	工厂的设定值
P0970	0	1	参数复位

按下"P"键，变频器开始复位到工厂默认值。

3）设置电动机参数，见表6-5。

表6-5　设置电动机参数表

参数号	出厂值	设置值	说 明
P0003	1	1	设用户访问级为标准级
P0010	0	1	快速调试
P0100	0	0	功率单位为 kW，频率为 50 Hz
P0304	400	380	电动机额定电压（V）
P0305	1.90	0.80	电动机额定电流（A）
P0307	0.75	0.11	电动机额定功率（kW）
P0310	50	50	电动机额定频率（Hz）
P0311	1395	1400	电动机额定转速（r/min）

其中，P0003、P0010 启动快速调速；P0100 设置使用地区；P0304、P0305、P0307、P0310、P0311 设置电动机额定参数。电动机参数设置完成后，设置 P0010 = 0，使变频器当前处于准备状态，变频器可正常运行。

4）设置数字输入端口功能定义参数和操作运行参数，见表6-6。

表6-6　数字输入控制端口开关操作运行参数表

参数号	出厂值	设置值	说 明
P0003	1	1	设用户访问级为标准级
P0004	0	7	命令和数字 I/O
P0700	7	7	命令源选择"由端子排输入"
P0003	1	2	设用户访问级为扩展级
P0004	0	7	命令和数字 I/O
＊P0701	1	1	ON 接通正转，OFF 停止
＊P0702	1	2	ON 接通反转，OFF 停止

参数号	出厂值	设置值	说　明
＊P0703	9	10	正向点动
＊P0704	15	11	反向点动
P0003	1	1	设用户访问级为标准级
P0004	0	10	设定值通道和斜坡函数发生器
P1000	2	1	由键盘（电动电位计）输入设定值
＊P1080	0	0	电动机运行的最低频率值（Hz）
＊P1082	50	50	电动机运行的最高频率值（Hz）
P1120	10	5	斜坡上升时间（s）
P1121	10	5	斜坡下降时间（s）
P0003	1	2	设用户访问级为扩展级
P0004	0	10	设定值通道和斜坡函数发生器
＊P1040	5	20	设定键盘控制的频率值
＊P1058	5	10	正向点动频率（Hz）
＊P1059	5	10	反向点动频率（Hz）
＊P1060	10	5	斜坡上升时间（s）
＊P1061	10	5	斜坡下降时间（s）

其中，P0003、P0004、P0700 控制命令从数字端口输入；P0003、P0004、P0701、P0702、P0703、P0704 定义数字端口功能；P1000 频率设定值由 BOP 设置；P1080、P1082、P1120、P1121 设置连续运行特性；P0003、P0004、P1040、P1058、P1059、P1060、P1061 设置点动运行特性。

5）用数字输入端口开关进行运行控制。

① 正向运行。如图 6-3 所示，合上 SA1，端口 5 为 ON，电动机按 P1120 设置的斜坡上升时间正向起动，稳定运行在 P1040 设置的频率上。断开 SA1，端口 5 为 OFF，电动机按 P1121 所设置的斜坡下降时间减速停车。

② 反向运行。合上 SA2，端口 6 为 ON，电动机按 P1120 设置的斜坡上升时间反向起动，运行在 P1040 所设置的频率上。断开 SA2，端口 6 为 OFF，电动机按 P1121 所设置的斜坡下降时间减速停车。

③ 正向点动运行。合上 SA3，端口 7 为 ON，电动机按 P1060 设置的点动斜坡上升时间正向点动运行，稳定运行在 P1058 设置的频率上。断开 SA3，端口 7 为 OFF，电动机按 P1061 所设置的点动斜坡下降时间停车。

④ 反向点动运行。合上 SA4，端口 8 为 ON，电动机按 P1060 所设置的点动斜坡上升时间反向点动运行，稳定运行在 P1058 设置的频率上。断开 SA4 时，端口 8 为 OFF，电动机按 P1061 所设置的点动斜坡下降时间停车。

6.2.2　MM440 变频器的模拟信号操作控制

MM440 的输入输出电路图如图 6-4 所示，由图可知，MM440 变频器的"1"、"2"输出端为用户的给定单元提供了一个高精度的 +10 V 直流稳压电源，可利用转速调节电位器串联在电路中，调节电位器改变输入端口 AIN1 + 给定的模拟输入电压，变频器的输入量将跟踪给定量的变换，从而平滑无极地调节电动机的转速。

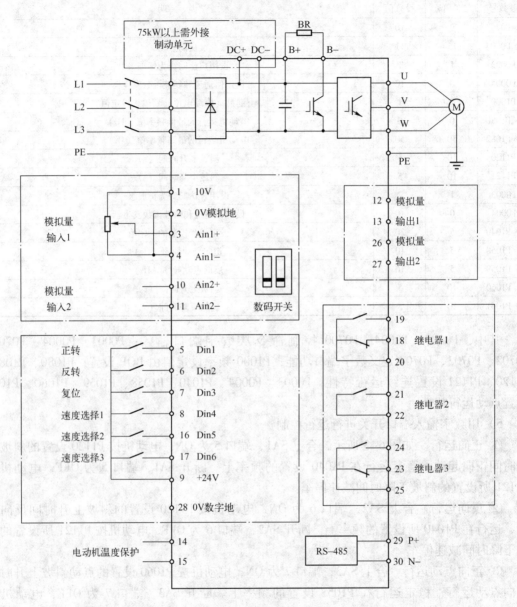

图 6-4 MM440 输入输出电路图

由图 6-4 可知，MM440 变频器为用户提供了两对模拟输入端口，即端口"3""4"和端口"10""11"，通过设置 P0701 的参数值，使数字输入"5"端口具有正转控制功能；通过设置 P0702 的参数值，使数字输入"6"端口具有反转控制功能；模拟输入"3""4"端口外接电位器，通过"3"端口输入大小可调的模拟电压信号，控制电动机的转速。即由数字输入端控制电动机转速的方向，由模拟输入端控制电动机的转速。MM440 变频器模拟信号控制接线如图 6-5 所示。检查电路正确无误后，合上主电源开关 QF。

MM440 变频器用模拟信号实现调速步骤如下。

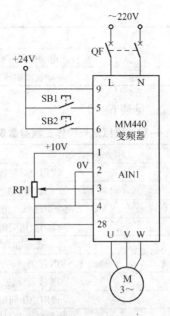

图 6-5　MM440 变频器模拟信号控制接线

1）按图 6-5 连接电路，各输入端的作用，见表 6-7。

表 6-7　MM440 变频器模拟信号输入端口作用

端　口　号	开关代号	控制参数	功　　能
5	SB1	P0701	正转/停止
6	SB2	P0702	反转/停止
3、4	RP1		模拟输入 1
1、2			+10 V 电源

2）恢复变频器工厂默认值，见表 6-8。

表 6-8　恢复变频器工厂默认值

参　数　号	出　厂　值	设　置　值	说　　明
P0010	0	30	工厂的设定值
P0970	0	1	参数复位

3）设置电动机参数，见表 6-9。

表 6-9　设置电动机参数表

参数号	出厂值	设置值	说　　明
P0003	1	1	设用户访问级为标准级
P0010	0	1	快速调试
P0100	0	0	功率单位为 kW，频率为 50 Hz
P0304	400	380	电动机额定电压（V）
P0305	1.90	0.80	电动机额定电流（A）
P0307	0.75	0.11	电动机额定功率（kW）

参数号	出厂值	设置值	说　明
P0310	50	50	电动机额定频率（Hz）
P0311	1395	1400	电动机额定转速（r/min）

4）面板操作的控制参数设置，见表 6-10。

表 6-10　模拟信号操作控制参数表

参数号	出厂值	设置值	说　明
P0003	1	1	设用户访问级为标准级
P0004	0	7	命令和数字 I/O
P0700	2	2	命令源选择"由端子排输入"
P0003	1	2	设用户访问级为扩展级
P0004	0	7	命令和数字 I/O
＊P0701	1	1	ON 接通正转，OFF 停止
＊P0702	1	2	ON 接通反转，OFF 停止
P0003	1	1	设用户访问级为标准级
P0004	0	10	设定值通道和斜坡函数发生器
P1000	2	2	频率设定值选择为"模拟输入"
＊P1080	0	0	电动机运行的最低频率值（Hz）
＊P1082	50	50	电动机运行的最高频率值（Hz）
P1120	10	5	斜坡上升时间（s）
P1121	10	5	斜坡下降时间（s）

其中，P0003、P0004、P0700 控制命令从数字端口输入；P0003、P0004、P0701、P0702 定义数字端口功能；P0003、P0004、P1000 频率设定值由外部设置；P1080、P1082、P1120、P1121 设置运行特性。

MM440 变频器定义频率设定值的方法：

① 由 BOP 键盘输入 P1040，此时 P1000＝1。

② 由模拟量输入通道输入，此时 P1000＝2。

③ 由固定频率定义，此时 P1000＝3。

6.3　组合控制方式

在工厂车间内，各个工段之间运送物料时使用的平板车，就是正、反转变频调速的应用实例。经常要求用外部按钮控制电动机的起停，用变频器面板调节电动机的运行频率。这种用参数单元控制电动机的运行频率，用外部按钮控制电动机起停的运行模式，是变频器组合运行模式的一种。

组合控制方式就是应用参数单元和外部接线共同控制变频器运行的一种方法。一般有两种方式：

① 参数单元控制电动机的起停，外部接线控制电动机的运行频率。

② 参数单元控制电动机的运行频率，外部接线控制电动机的起停。

当需用外部信号起停电动机，用变频器面板调节频率时，将"选择命令源"设定为 2

（P0700 = 2）；将"频率设定值的选择"设定为1（P1000 = 1）。

当需用变频器面板起停电动机，用外部信号调节频率时，将"选择命令源"设定为1（P0700 = 1）；将"频率设定值的选择"设定为2（P1000 = 2）。

6.3.1 变频器的外端子开关量控制电动机正、反转和变频器面板调节频率

（1）外端子开关量控制电动机正、反转接线

变频器的外端子开关量控制电动机正、反转接线如图6-6所示。

（2）外端子设置说明

在图6-6中S1~S4为带自锁按钮，分别控制数字输入DIN1~DIN4端口。端口DIN1设置为正转控制，其功能由P0701的参数值设置。端口DIN2设为反转控制，其功能由P0702的参数值设置。端口DIN3设为正向点动控制，其功能由P0703的参数值设置。端口DIN4设为反向点动控制，其功能由P0704的参数值设置。

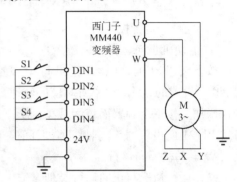

图6-6 外端子控制电动机正反转接线

（3）系统操作步骤

1）按图6-6所示，进行正确的电路接线。

2）恢复变频器工厂默认值。按下P键，变频器开始复位到工厂默认值。

3）设置电动机参数，然后设P0010 = 0，变频器当前处于准备状态，可正常运行。

4）设置变频器运行参数。

开关量控制运行参数设定表见表6-11。

表6-11 开关量控制运行参数设定表

序号	变频器参数	出厂值	设定值	功能说明
1	P0003	1	1	设置用户访问级为标准级
2	P0004	0	7	命令，二进制I/O
3	P0700	2	2	命令源选择由端子排输入
4	P0003	1	2	设置用户访问级为扩展级
5	P0004	0	7	命令和数字I/O
6	P0701	1	1	ON接通正转，OFF停止
7	P0702	1	2	ON接通反转，OFF停止
8	P0703	9	10	正向点动
9	P0704	15	11	反向点动
10	P0003	1	1	设置用户访问级为标准级
11	P0004	0	10	设定值通道和斜坡函数发生器
12	P1000	2	1	频率设定值为键盘（MOP）设定值
13	*P1080	0	0	电动机运行最低频率（Hz）
14	*P1082	50	50	电动机运行最高频率（Hz）
15	*P1120	10	5	斜坡上升时间（s）
16	*P1121	10	5	斜坡下降时间（s）
17	P0003	1	2	设置用户访问级为扩展级
18	P0004	0	10	设定值通道和斜坡函数发生器

序号	变频器参数	出厂值	设定值	功能说明
19	P1040	5	20	设定键盘控制的频率（Hz）
20	＊P1058	5	10	正向点动频率（Hz）
21	＊P1059	5	10	反向点动频率（Hz）
22	＊P1060	10	5	点动斜坡上升时间（s）
23	＊P1061	10	5	点动斜坡下降时间（s）

注：标"＊"的参数可根据用户实际要求进行设置。

5）变频器运行控制。

① 电动机正向运行。

按下按钮 S1 时，电动机按 P1120 设置的 5 s 斜坡上升时间正向起动，经 5 s 后运行于与 P1040 所设置的 20 Hz 频率所对应的转速。按下变频器面板的增加键 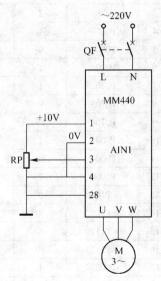，频率上升，电动机转速增加。按下变频器面板的减少键 ，频率下降，电动机转速降低。松开按钮 S1，电动机按 P1121 所设置的 5 s 斜坡下降时间停车，经 5 s 后电动机停止运行。

② 电动机反向运行。

操作运行情况与正向运行类似。

③ 电动机正向点动运行。

当按下正向点动按钮 S3 时，电动机按 P1060 所设置的 5 s 斜坡上升时间正向点动运行，经 5 s 后正向稳定运行于与 P1058 所设置的 10 Hz 频率所对应的转速。当松开按钮 S3 时，电动机按 P1061 所设置的 5 s 点动斜坡下降时间停车。

④ 电动机反向点动运行。

操作运行情况与正向点动运行类似。

6.3.2 变频器的面板控制电动机正、反转和外端子调节频率

（1）外端子调节频率接线

变频器的外端子模拟量输入调节频率接线如图 6-7 所示，电动机额定电压为 220 V，采用△联结。

（2）外端子设置说明

MM440 变频器为用户提供了两对模拟输入端口，即端口 3、4 和端口 10、11，如图 6-7 所示。模拟输入 3、4 端口外接电位器，通过 3 端口输入大小可调的模拟电压信号，控制电动机转速的大小；电动机正、反转的控制，在变频器的前操作面板上直接设置。

（3）系统操作步骤

1）进行正确的电路接线后，合上变频器电源开关 QF。

2）恢复变频器工厂默认值。按下 P 键，变频器开始复位到工厂默认值。

3）设置电动机参数。设 P0010 = 0，变频器当前处于准备状态，可正常运行。

图 6-7 外端子调节频率接线

4）设置变频器参数。

可参照表6-12进行相关参数设置。

表6-12　模拟信号操作控制参数

序号	变频器参数	出厂值	设定值	功 能 说 明
1	P0003	1	1	设置用户访问级为标准级
2	P0004	0	7	命令，二进制 I/O
3	P0700	2	1	命令源选择 BOP
4	P0004	0	10	设定值通道和斜坡函数发生器
5	P1000	2	2	频率设定值为模拟输入
6	*P1080	0	0	电动机运行最低频率（Hz）
7	*P1082	50	50	电动机运行最高频率（Hz）
8	*P1120	10	5	斜坡上升时间（s）
9	*P1121	10	5	斜坡下降时间（s）

注：标"*"的参数可根据用户实际要求进行设置。

（5）变频器运行控制。

① 电动机正转。按下变频器的运行键⬛，电动机正转运行，转速由外接电位器 R_P 来控制，模拟电压信号从 0 ~ +10 V 变化，对应变频器的频率从 0 ~ 50 Hz 变化，通过调节电位器 R_P 改变 MM440 变频器 3 端口模拟输入电压信号的大小，可平滑无极地调节电动机转速的大小。当按下停止键⬛时，电动机停止。通过 P1120 和 P1121 参数，可设置斜坡上升时间和斜坡下降时间。

② 电动机反转。当按下变频器的换向键⬛，电动机反转运行。反转转速的调节与电动机正转相同，这里不再重复。

6.4　PLC 与变频器联机控制方式

在生产实践应用中，三相异步电动机的正、反转是比较常见的，为了提高自动控制水平，需要进一步掌握用 PLC 控制变频器端口开关的操作实现电动机正反转运行。

6.4.1　PLC 与变频器的连接

PLC 与变频器一般有三种连接方法。

（1）利用 PLC 的模拟量输出模块控制变频器

PLC 的模拟量输出模块输出 0 ~ 5 V 电压信号或 4 ~ 20 mA 电流信号，作为变频器的模拟量输入信号。这种控制方式接线简单，但需要选择与变频器输入阻抗匹配的 PLC 输出模块，且 PLC 的模拟量输出模块价格较为昂贵，此外还需采取分压措施使变频器适应 PLC 的电压信号范围，在连接时注意将布线分开，保证主电路一侧的噪声不传至控制电路。

（2）利用 PLC 的开关量输出控制变频器

PLC 的开关量输出一般可以与变频器的开关量输入端直接相连。这种控制方式的接线简单，抗干扰能力强。利用 PLC 的开关量输出可以控制变频器的起动/停止、正/反转、点动、转速和加减速时间等，能实现较为复杂的控制要求，但只能有级调速。

　　使用继电器触点进行连接时，有时存在因接触不良而误操作现象；使用晶体管进行连接时，则需要考虑晶体管自身的电压、电流容量等因素，以保证系统的可靠性。另外，在设计变频器的输入信号电路时还应该注意到，输入信号电路连接不当，有时也会造成变频器的误动作。例如，当输入信号电路采用继电器等感性负载，继电器开闭时，产生的浪涌电流带来的噪声有可能引起变频器的误动作，应尽量避免。

　　（3）PLC与RS-485通信接口的连接

　　所有的标准西门子变频器都有一个RS-485串行接口（有的也提供RS-232接口），采用双线连接，其设计标准适用于工业环境的应用对象。单一的RS-485链路最多可以连接30台变频器，而且根据各变频器的地址或采用广播信息，都可以找到需要通信的变频器。链路中需要有一个主控制器（主站），而各个变频器则是从属的控制对象（从站）。

6.4.2　变频器正、反转的 PLC 控制

　　利用 S7-226 系列 PLC 和 MM440 变频器设计电动机正、反转运行的控制电路。控制要求：通过 PLC 的正确编程、变频器参数的正确设置，实现电动机的正、反转运行。

　　（1）PLC 与变频器的连接电路

　　通过 S7-226 系列 PLC 和 MM440 变频器联机，实现 MM440 控制端口开关操作，完成对电动机正、反转运行的控制。控制电路的接线如图 6-8 所示。

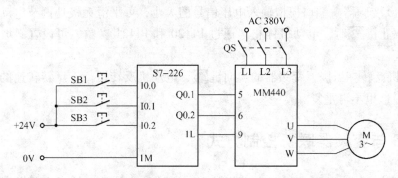

图 6-8　PLC 和变频器联机实现电动机正、反转运行的控制电路图

　　（2）PLC 输入/输出地址分配

PLC 输入/输出地址分配见表 6-13。

表 6-13　PLC 输入/输出地址分配表

输　入			输　出	
电路符号	地　址	功　能	地　址	功　能
SB1	I0.0	电动机正转按键	Q0.1	电动机正转/停止
SB2	I0.1	电动机反转按键	Q0.2	电动机反转/停止
SB3	I0.2	电动机停止按键		

　　（3）PLC 程序设计

　　按照电动机正反向运行控制要求及对 MM440 变频器输入接口、S7-226 数字输入/输出

接口所作的变量约定，PLC 控制程序梯形图如图 6-9 所示。

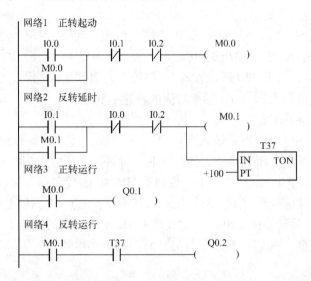

图 6-9　PLC 和变频器联机实现电动机正、反转运行的控制梯形图

（4）变频器参数设置

变频器的参数设置见表 6-14。

表 6-14　变频器的参数设置

参数号	出厂值	设置值	说　明
P0003	1	1	设用户访问级为标准级
P0004	0	7	命令，二进制 I/O
P0700	2	2	由端子排输入
P0003	1	2	设用户访问级为扩展级
P0004	0	7	命令，二进制 I/O
P0701	1	1	ON 接通正转，OFF 停止
P0702	1	2	ON 接通反转，OFF 停止
P0703	9	10	正向点动
P0704	15	11	反向点动
P0003	1	1	设用户访问级为标准级
P0004	0	10	设定值通道和斜坡函数发生器
P1000	2	1	频率设定值为键盘（MOP）设定值
P1080	0	0	电动机运行的最低频率（Hz）
P1082	50	50	电动机运行的最高频率（Hz）
P1120	10	6	斜坡上升时间（s）
P1121	10	8	斜坡下降时间（s）
P0003	1	2	设用户访问级为扩展级
P0004	0	10	设定值通道和斜坡函数发生器
P1040	5	40	设定键盘控制的频率值（Hz）

（5）操作调试

1）电动机正转运行。

当按下正转按钮 SB1 时，S7—226 型 PLC 输入继电器 I0.0 得电，辅助继电器 M0.0 得电，M0.0 常开触点闭合自锁，输出继电器 Q0.1 得电，MM440 变频器的数字输入端口 DIN1 为 "ON" 状态。电动机按 P1120 所设置的 6 s 斜坡上升时间正向起动，经过 6 s 后，电动机正转运行在由 P1040 所设置的 40 Hz 频率对应的转速上。

2）电动机反转延时运行。

当按下反转按钮 SB2 时，PLC 输入继电器 I0.1 得电，其常开触点闭合，使辅助继电器 M0.1 得电，M0.1 常开触点闭合自锁，同时接通定时器 T37 延时。当时间达到 10 s，定时器 T37 位触点闭合，输出继电器 Q0.2 得电，变频器 MM440 的数字输入端口 DIN2 为 "ON" 状态。电动机在发出反转信号延时 10 s 后，按 P1120 所设置的 6 s（斜坡上升时间）反向起动，经 6 s 后，电动机反向运转在由 P1040 所设置的 40 Hz 频率对应的转速上。

为了保证运行安全，在 PLC 程序设计时，利用辅助继电器 M0.0 和 M0.1 的常闭触点实现互锁。

3）电动机停止。

无论电动机当前处于正转还是反转状态，当按下停止按钮 SB3 后，输入继电器 I0.2 得电，其常闭触点断开，使辅助继电器 M0.0（或 M0.1）线圈失电，其常开触点断开取消自锁，同时输出继电器线圈 Q0.1（或 Q0.2）线圈失电，变频器 MM440 端口 5（或 6）为 "OFF" 状态，电动机按 P1121 所设置的 8 s（斜坡下降时间）正向（或反向）停车，经 8 s 后电动机运行停止。

6.5　本章小结

本章主要介绍了通过西门子 MM440 变频器实现电动机的正、反转控制，基本操作方式包括：参数控制方式、外端子控制方式、组合控制方式、PLC 与变频器联机控制方式四种。通过本章的学习，读者应掌握对变频器的功能参数进行合理正确的预置，并能够自行设计通过变频器实现电动机的正反转。

6.6　测试题

1. 标出图 6-10 所示西门子 MM440 变频器基本操作单元 BOP 各功能键的功能。
2. 西门子 MM440 变频器实现电动机正、反转的控制方式有哪几种？
3. 西门子 MM440 变频器采用组合控制方式实现电动机正、反转主要包括哪两种方式。
4. PLC 与变频器联机控制时，一般有几种连接方式。
5. 项目训练：

用两个开关 S1 和 S2 控制 MM440 变频器，实现电动机正转和反转功能，电动机加减速时间为 15 s，接线图如图 6-11 所示。其中，DIN1 端口设为正转控制，DIN2 端口设为反转控制，试完成变频器及电动机参数设置。

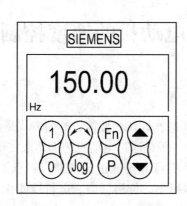

图 6-10　MM440 变频器 BOP

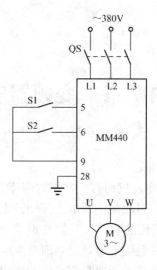

图 6-11　电动机正、反转接线图

第7章 变频器实现电动机的速度控制

【导学】

 对交流电动机而言，常用的调速方式有哪些？你认为性能较好的方式是哪一种？

实际的生产过程离不开电力传动，生产机械一般是通过电动机的拖动来实现预定的生产方式的。通过前面的学习，我们知道了直流电动机可方便地进行调速，但直流电动机体积大、造价高，并且无节能效果。而交流电动机体积小、价格低廉、运行性能优良、重量轻，因此对交流电动机的调速具有重大的实用性。

使用调速技术后，生产机械的控制精度可大为提高，并能够较大幅度地提高劳动生产率和产品质量，而且可对诸多生产过程实施自动控制。通过大量的理论研究和实验，人们逐渐认识到：对交流电动机进行调速控制，不仅能使电力拖动系统具有非常优秀的控制性能，而且在许多场合，还具有非常显著的节能效果。对于交流电动机而言，常用的调速方式有变极距、变转差和变频三种调速方式，其中，交流变频调速具有系统体积小，重量轻、控制精度高、保护功能完善、工作安全可靠、操作过程简单，通用性强，使传动控制系统具有优良的性能，同时节能效果明显，经济效益显著。尤其当与计算机通信相配合时，使得变频控制更加安全可靠，易于操作（由于计算机控制程序具有良好的人机交互功能），变频技术必将在工业生产中发挥巨大的作用，让工业自动化程度得到更大的提高。

随着电力电子技术的飞速发展，变频调速三相交流异步电动机的应用越来越广泛，它已在逐步替代其他各种调速电动机，而变频调速三相异步电动机因其结构简单、制造方便、易于维护、性能良好、运行可靠等优点而在工业领域得到广泛应用。

本章主要介绍西门子 MM440 变频器常用的几种速度调节方式，重点介绍加、减速控制和多段速控制。

【学习目标】

1）掌握 MM440 变频器与 PLC 联机控制方式。
2）了解 MM440 变频器 PID 控制及参数设置。
3）能够运用 MM440 变频器实现电动机的速度控制。

7.1 三相异步电动机的加、减速控制

在工艺允许的条件下，从保护设备的目的出发，合理设置变频器加/减速过程参数，使设备可以平滑地起停，实现高效节能运行。

7.1.1 MM440 变频器的加速模式及参数设置

1. 基础定义

（1）起动方式

电动机从较低转速升至较高转速的过程称为加速过程，加速过程的极限状态便是电动机的起动。常见电动机的起动方式有工频起动和变频起动。

1）工频起动。

电动机工频起动是指电动机直接接工频电源时的起动，也叫作直接起动或全压起动。电动机工频起动电路如图 7-1a 所示，在电动机接通电源的瞬间，电源频率为额定频率（50 Hz），电源电压为额定电压（380 V），如图 7-1b 所示。由于电动机转子绕组与旋转磁场的相对速度很高，电动机转子电动势和电流很大，从而使定子电流也很大，一般可达电动机额定电流的 4~7 倍，如图 7-1c 所示。

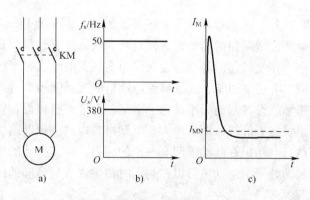

图 7-1　工频起动
a）起动电路　b）频率与电压　c）起动电流

电动机工频起动存在的主要问题有：

① 起动电流大。当电动机的容量较大时，其起动电流将对电网产生干扰，引起电网电压波动。

② 对生产机械设备的冲击很大，影响机械的使用寿命。

2）变频起动。

采用变频调速的电路如图 7-2a 所示，其起动过程的特点有：频率从最低频率（通常是 0 Hz）按预置的加速时间逐渐上升，如图 7-2b 的上部所示。以 4 极电动机为例，假设在接通电源的瞬间，将起动频率降至 0.5 Hz，则同步转速只有 15 r/min，转子绕组与旋转磁场的相对速度只有工频起动时的百分之一。

电动机的输入电压也从最低电压开始逐渐上升，如图 7-2b 的下部所示。

电动机转子绕组与旋转磁场的相对速度很小，故起动瞬间的冲击电流很小。因电动机电源的频率逐渐增大，电压开始逐渐上升，如在整个起动过程中，使同步转速 n_0 与转子转速 n_M 间的转差 Δn 限制在一定范围内，则起动电流也将限制在一定范围内，如图 7-2c 所示。变频起动减小了起动过程中的动态转矩，加速过程中能保持平稳，减小了对生产机械的冲击。

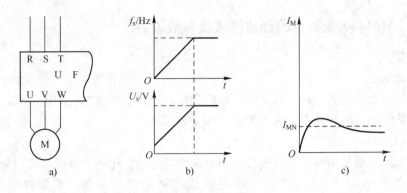

图 7-2　变频起动
a）起动电路　b）频率与电压　c）起动电流

（2）起动频率

电动机开始起动时，并不从变频器输出为零开始加速，而是直接从某一频率开始加速。电动机在开始加速的瞬间，变频器的输出频率便是起动频率。起动频率是指变频器开始有电压输出时所对应的频率。在变频器的起动过程中，当变频器的输出频率还没达到起动频率设置值时，变频器不会输出电压。通常，为了确保电动机的起动转矩，可通过设置合适的起动频率来实现。变频调速系统设置起动频率是为了满足部分生产机械设备实际工作的需要，有些生产机械设备在静止状态下的静摩擦力较大，电动机难以从变频器输出为零开始起动，而在设置的起动频率起动，电动机在起动瞬间有一定的冲力，使其拖动的生产机械设备较易起动起来，系统设置了起动频率，电动机可以在起动时很快建立起足够的磁通，使转子与定子间保持一定的空气隙等。

起动频率的设置是为确保由变频器驱动的电动机在起动时有足够的起动转矩，避免电动机无法起动或在起动过程中过电流跳闸。在一般情况下，起动频率要根据变频器所驱动负载的特性及大小进行设置，在变频器过载能力允许的范围内既要避开低频欠激磁区域，保证足够的起动转矩，又不能将起动频率设置太高，起动频率设置太高会在电动机起动时造成较大的电流冲击甚至过电流跳闸。

变频调速系统设置起动频率的方式有：

① 给定的信号略大于零（$t = 0 +$），此时变频器的输出频率即为起动频率 f_S，如图 7-3a 所示。

② 设置一个死区区间 t_1，在给定信号 t 小于设置的死区区间 t_1 时，变频器的输出频率为零；当给定信号 t 等于设置的死区区间 t_1 时，变频器输出与死区区间 t_1 对应的频率，如图 7-3b 所示。

（3）加速过程中的主要矛盾

1）加速过程中电动机的状态。

假设变频器的输出频率从 f_{X1} 上升至 f_{X2}，如图 7-4b 所示。图 7-4a 所示是电动机在频率为 f_{X1} 时稳定运行的状态，图 7-4c 所示是加速过程中电动机的状态。比较图 7-4a 和图 7-4c 可以看出：当频率 f_X 上升时，同步转速 n_0 随即也上升，但电动机转子的转速 n_M 因为有惯性而不能立即跟上。结果是转差 Δn 增大了，导体内的感应电动势和感应电流也增大。

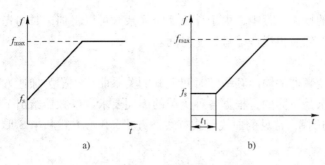

图 7-3 起动频率

a) $t=0$ 时以 f_S 起动 b) $t=t_1$ 时以 f_S 起动

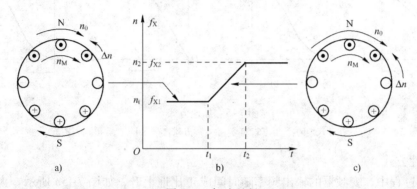

图 7-4 加速过程

a) 加速前状态 b) 加速过程 c) 加速中状态

2）加速过程的主要矛盾。

加速过程中，必须处理好加速的快慢与拖动系统惯性之间的矛盾。一方面，在生产实践中，拖动系统的加速过程属于不进行生产的过渡过程，从提高生产率的角度出发，加速过程应该越短越好。另一方面，由于拖动系统存在着惯性，频率上升得太快，电动机转子的转速 n_M 将跟不上同步转速的上升，转差 Δn 增大，引起加速电流的增大，甚至可能超过一定限值而导致变频器跳闸。所以，加速过程必须解决好的主要问题是：在防止加速电流过大的前提下，尽可能地缩短加速过程。

2. 加速的功能设置

（1）加速时间

变频起动时，起动频率可以很低，加速时间可以自行给定，这样就能有效地解决起动电流大和机械冲击的问题。不同变频器对加速时间的定义不完全一致，主要有以下两种：

定义 1：变频器的输出频率从 0 Hz 上升到基本频率所需的时间；

定义 2：变频器的输出频率从 0 Hz 上升到最高频率所需的时间。

在大多数情况下，最高频率和基本频率是一致的。

各种变频器都提供了在一定范围内可任意给定加速时间的功能，用户可根据拖动系统的情况自行给定一个加速时间。加速时间越长，起动电流就越小，起动也越平缓，但延长了拖动系统的过渡过程，对于某些频繁起动的机械来说，将会降低生产效率。因此给定加速时间的基本原则是在电动机的起动电流不超过允许值的前提下，尽量地缩短加速时间。由于影响加速过程的因素是拖动系统的惯性，故系统的惯性越大，加速难度就越大，加速时间也相应长一些。但在具体的操作过程中，由于计算非常复杂，可以将加速时间先设置得长一些，观察起动电流的大小，然后再慢慢缩短加速时间。

（2）加速方式

加速过程中，变频器的输出频率随时间上升的关系曲线，称为加速方式。不同的生产机械对加速过程的要求是不同的，根据各种负载的不同要求，变频器给出了各种不同的加速曲线（模式）供用户选择，常见的曲线形式有线性方式、S形方式和半S形方式等，如图7-5所示。

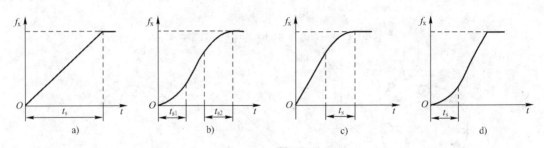

图7-5　加速方式
a）线性方式　b）S形方式　c）半S形方式之一　d）半S形方式之二

1）线性方式。

在加速过程中，变频器的输出频率随时间成正比地上升，如图7-5a所示。大多数负载都可以选用线性方式。

2）S形方式。

在加速的起始和终了阶段，频率的上升较缓，中间阶段为线性加速，加速过程呈S形，如图7-5b所示。这种曲线适用于带式输送机一类的负载，这类负载往往满载起动，传送带上的物体静摩擦力较小，刚起动时加速较慢，以防止输送带上的物体滑落，到尾段加速减慢也是这个原因。

3）半S形方式。

在加速的初始阶段或终了阶段，按线性方式加速，而在终了阶段或初始阶段，按S形方式加速，如图7-5c、d所示。对于风机和泵类负载，低速时负载较轻，加速过程可以快一些。随着转速的升高，其阻转矩迅速增加，加速过程应适当减慢。反映在图上，就是加速的前半段为线性方式，后半段为S形方式。而对于一些惯性较大的负载，加速初期加速过程较慢，到加速的后期可适当加快其加速过程。反映在图上，就是加速的前半段为S形方式，后半段为线性方式。

7.1.2　MM440变频器的减速模式及参数设置

1. 基础定义

（1）变频调速系统的减速

1）减速过程中的电动机状态。

电动机从较高转速降至较低转速的过程称为减速过程。在变频调速系统中，是通过降低变频器的输出频率来实现减速的，如图7-6b所示。图中，电动机的转速从 n_1 下降至 n_2（变频器的输出频率从 f_{X1} 下降至 f_{X2}）的过程即为减速过程。

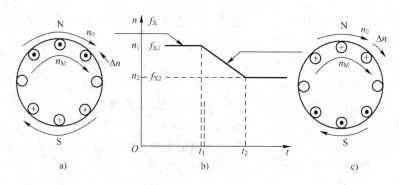

图 7-6　减速过程

a）减速前状态　b）减速过程　c）减速中状态

在频率刚下降的瞬间，旋转磁场的转速（同步转速）立即下降，但由于拖动系统具有惯性，电动机转子的转速不可能立即下降，于是，转子的转速超过了同步转速，转子绕组切割磁场的方向和原来相反了，从而，转子绕组中感应电动势和感应电流的方向，以及所产生的电磁转矩的方向都和原来相反了，电动机处于发电机状态。由于所产生的转矩和转子旋转的方向相反，能够促使电动机的转速迅速地降下来，故也称为再生制动状态。

2）泵升电压。

电动机在再生制动状态发出的电能，将通过和逆变管反并联的二极管全波整流后反馈到直流电路，使直流电路的电压 U_D 升高，称为泵升电压。

3）多余能量的消耗。

如果直流电压 U_D 升得太高，将导致整流和逆变器件的损坏。所以，当 U_D 上升到一定限值时，须通过能耗电路（制动电阻和制动单元）放电，把直流回路内多余的电能消耗掉。

（2）减速过程中的主要矛盾

1）减速快慢的影响。

如上所述，当频率下降时，电动机处于再生制动状态。所以与频率下降速度有关的因素有：①制动电流，即电动机处于发电机状态时向直流回路输送电流的大小；②泵升电压，其大小将影响直流回路电压的上升幅度。

2）减速过程的主要矛盾。

与加速过程相同，在生产实践中，拖动系统的减速过程也属于不进行生产的过渡过程，故减速过程应该越短越好。

同样，由于拖动系统存在着惯性，如频率下降得太快，电动机转子的转速 n_M 将跟不上同步转速的下降，转差 Δn 增大，引起再生电流的增大和直流回路内泵升电压的升高，甚至可能超过一定限值而导致变频器因过电流或过电压而跳闸。

所以，减速过程必须解决好的主要问题是在防止减速电流过大和直流电压过高的前提下，尽可能地缩短减速过程。在一般情况下，直流电压的升高是更为主要的因素。

2. 减速的功能设置

（1）减速时间

变频调速时，减速是通过逐步降低给定频率来实现的。在频率下降的过程中，电动机将处于再生制动状态。如果拖动系统的惯性较大，频率下降又很快，电动机将处于强烈的再生制动状态，从而产生过电流和过电压，使变频器跳闸。为避免上述情况的发生，可以在减速时间和减速方式上进行合理的选择。

不同变频器对减速时间的定义不完全一致，主要有以下两种：

定义1：变频器的输出频率从基本频率下降到0Hz所需要的时间。

定义2：变频器的输出频率从最高频率下降到0Hz所需要的时间。

在大多数情况下，最高频率和基本频率是一致的。

减速时间的给定方法和加速时间一样，其值的大小主要考虑系统的惯性。惯性越大，减速时间就越长。一般情况下，加、减速选择同样的时间。

（2）减速方式

减速方式设置和加速过程类似，也要根据负载情况而定，变频器的减速方式也分线性方式、S形方式和半S形方式。

1）线性方式。

变频器的输出频率随时间成正比地下降，如图7-7a所示。大多数负载都可以选用线性方式。

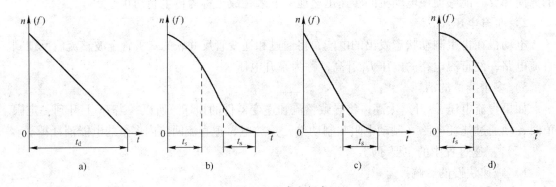

图7-7　减速方式

a）线性方式　b）S形方式　c）半S形方式之一　d）半S形方式之二

2）S形方式。

在减速的起始和终了阶段，频率的下降较缓，减速过程呈S形，如图7-7b所示。

3）半S形方式。

在减速的初始阶段或终了阶段，按线性方式减速；而在终了阶段或初始阶段，按S形方式减速，如图7-7c、d所示。

减速时，S形曲线和半S形曲线的应用场合和加速时相同。

（3）MM440变频器的加、减速参数设置

1）按要求接线。

将变频器与电源、电动机如图7-8所示进行正确连接，检查电路正确无误后，合上主电源开关QS。

2）参数设置。

① 设定P0010 = 30和P0970 = 1，按下P键，开始复位，复

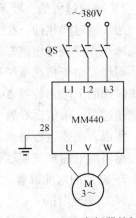

图7-8　MM440变频器的加、减速参数设置接线图

位过程大约 3min，这样就可保证变频器的参数恢复到工厂的默认设置值。

② 设置电动机参数，为了使电动机与变频器相匹配，需要设置电动机参数。电动机参数设置见表 7-1。电动机参数设定完成后，设 P0010＝0，变频器当前处于准备状态，可正常运行。

表 7-1 电动机参数设置表

参数号	出厂值	设置值	说　明
P0003	1	1	设用户访问级为标准级
P0010	0	1	快速调试
P0100	0	0	功率单位为 kW，频率为 50 Hz
P0304	400	380	电动机额定电压（V）
P0305	1.90	0.80	电动机额定电流（A）
P0307	0.75	0.11	电动机额定功率（kW）
P0310	50	50	电动机额定频率（Hz）
P0311	1395	1400	电动机额定转速（r/min）

③ 设置面板操作控制参数，见表 7-2。

表 7-2 面板操作控制参数表

参数号	出厂值	设置值	说　明
P0003	1	1	设用户访问级为标准级
P0004	0	7	命令和数字 I/O
P0700	2	1	由 BOP 输入设定值
P0003	1	1	设用户访问级为标准级
P0004	0	10	设定值通道和斜坡函数发生器
P1000	2	1	频率设定值 BOP 输入
＊P1080	0	0	电动机运行最低频率（Hz）
＊P1082	50	50	电动机运行最高频率（Hz）
P0003	1	2	设用户访问级为扩展级
P0004	0	10	设定值通道和斜坡函数发生器
P1040	5	20	设定键盘控制的频率值（Hz）

3）变频器运行操作。

① 变频器起动：在变频器的前操作面板上按运行键 ⬤，变频器将驱动电动机升速，并运行在由 P1040 所设定的 20 Hz 频率对应的 560 r/min 的转速上。

② 加减速运行：电动机的转速（运行频率）及旋转方向可直接通过按前操作面板上的增加键/减少键（▲/▼）来改变。

③ 电动机停车：在变频器的前操作面板上按停止键 ⬤，则变频器将驱动电动机降速至零。

7.1.3　MM440 变频器外端子控制加、减速

1. 控制要求

1）正确设置变频器输出的额定频率、额定电压、额定电流、额定功率、额定转速。

2）通过外部端子控制电动机起动/停止。

3）通过调节电位器改变输入电压来控制变频器的频率。

4）变频器参数功能表，见表7-3。

表7-3 变频器参数功能表

序号	变频器参数	出厂值	设定值	功 能 说 明
1	P0304	230	380	电动机的额定电压（V）
2	P0305	3.25	0.35	电动机的额定电流（A）
3	P0307	0.75	0.06	电动机的额定功率（kW）
4	P0310	50	50	电动机的额定频率（Hz）
5	P0311	0	1430	电动机的额定转速（r/min）
6	P1000	2	2	模拟输入
7	P0700	2	2	选择名来源（由端子排输入）
8	P0701	1	1	ON/OFF（接通正转/停车命令1）

2. 操作步骤

1）按照变频器外部接线图，如图7-9所示，完成变频器的接线，认真检查，确保正确无误。

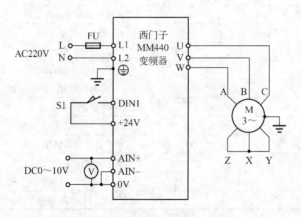

图7-9　变频器外部接线图

2）打开电源开关，按照参数功能表正确设置变频器参数。

3）打开开关"S1"，起动变频器。

4）调节输入电压，观察并记录电动机的运转情况。

5）关闭开关"S1"，停止变频器。

7.2　三相异步电动机的多段速控制

在工业生产中，由于工艺的要求，很多生产机械在不同的转速下运行，例如，车床主轴，龙门刨床主运动，高炉加料料斗的提升，矿井提升机的运行等。针对这种情况，一般变频器都有多段速度控制功能，满足工业生产的要求。

7.2.1 三段速频率控制

1. 用 MM440 变频器实现多频段控制

MM440 变频器的六个数字输入端口（DIN1 ~ DIN6），通过 P0701 ~ P0706 设置实现多频段控制。每一频段的频率分别由 P1001 ~ P1015 参数设置，最多可实现 15 频段控制，各个固定频率的数值选择见表 7-4。在多频段控制中，电动机的转速方向是由 P1001 ~ P1015 参数所设置的频率正负决定的。六个数字输入端口，哪个作为电动机运行、停止控制，哪些作为多段频率控制，可由用户任意确定，一旦确定了某一数字输入端口的控制功能，其内部的参数设置值必须与端口的控制功能相对应。

表 7-4　固定频率选择对应表

频率设定	DIN4	DIN3	DIN2	DIN1
P1001	0	0	0	1
P1002	0	0	1	0
P1003	0	0	1	1
P1004	0	1	0	0
P1005	0	1	0	1
P1006	0	1	1	0
P1007	0	1	1	1
P1008	1	0	0	0
P1009	1	0	0	1
P1010	1	0	1	0
P1011	1	0	1	1
P1012	1	1	0	0
P1013	1	1	0	1
P1014	1	1	1	0
P1015	1	1	1	1

2. MM440 变频器实现三段固定频率控制方法

如果要实现三段固定频率控制，需要 3 个数字输入端口，图 7-10 所示为三段固定频率控制接线图。

MM440 变频器的数字输入端口 7 设为电动机运行/停止控制，由 P0703 参数设置。数字输入端口 5 和 6 设为 3 段固定频率控制端，由带锁按钮 SA1 和 SA2 组合成不同的状态控制 5 和 6 端口，实现 3 段固定频率控制。第一段频率设为 10 Hz，第二段频率设为 25 Hz，第三段频率设为 50 Hz，频率变化曲线如图 7-11 所示。三段式固定频率控制状态见表 7-5 所示。

表 7-5　三段式固定频率控制状态表

固定频率	6 端口（SA2）	5 端口（SA1）	对应频率所设置的参数	频率/Hz	电动机转速/(r/min)
1	0	1	P1001	10	280
2	1	0	P1002	25	700
3	1	1	P1003	50	1400
OFF	0	0		0	0

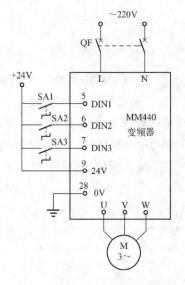

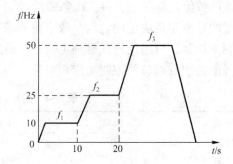

图 7-10　三段式固定频率控制接线图　　　　图 7-11　三段式固定频率控制曲线

注意：当采用启动信号＋二进制代码时，MM440 默认 5 端口为二进制代码最低位，通过数字输入端口的二进制编码来对应各频段。

① 第一段频率为 10 Hz，由 P1001 设置。

② 第二段频率为 25 Hz，由 P1002 设置。

③ 第三段频率为 50 Hz，由 P1003 设置。

3. MM440 变频器实现三段固定频率控制操作步骤

1）按图连接电路。三段固定频率控制接线图如图 7-10 所示，检查接线正确后，合上变频器电源开关 QF。

2）恢复变频器工厂默认值，见表 7-6。

表 7-6　恢复变频器工厂默认值

参 数 号	出 厂 值	设 置 值	说 　 明
P0010	0	30	工厂的设定值
P0970	0	1	参数复位

3）设置电动机参数，电动机参数的设置见表 7-7。

表 7-7　设置电动机参数表

参数号	出厂值	设置值	说　明
P0003	1	1	设用户访问级为标准级
P0010	0	1	快速调试
P0100	0	0	功率单位为 kW，频率为 50 Hz
P0304	400	380	电动机额定电压（V）
P0305	1.90	0.80	电动机额定电流（A）
P0307	0.75	0.11	电动机额定功率（kW）
P0310	50	50	电动机额定频率（Hz）
P0311	1395	1400	电动机额定转速（r/min）

电动机参数设置完成后，设置 P0010 = 0，使变频器当前处于准备运行状态。

4）设置数字量输入端口功能定义参数和三段固定频率控制参数，见表 7-8。

表 7-8 设置三段固定频率控制参数表

参 数 号	出 厂 值	设 置 值	说 明
P0003	1	1	设用户访问级为标准级
P0004	0	7	命令和数字 I/O
P0700	2	2	命令源选择"由端子排输入"
P0003	1	2	设用户访问级为扩展级
P0004	0	7	命令和数字 I/O
* P0701	1	17	选择固定频率（二进制编码 + ON 命令）
* P0702	1	17	选择固定频率（二进制编码 + ON 命令）
* P0703	1	1	ON 接通正转，OFF 停止
P0003	1	1	设用户访问级为标准级
P0004	0	10	设定值通道和斜坡函数发生器
P1000	2	3	选择固定频率设定值
P0003	1	2	设用户访问级为扩展级
P0004	0	10	设定值通道和斜坡函数发生器
* P1001	0	10	设置固定频率 1（Hz）
* P1002	5	25	设置固定频率 2（Hz）
* p1003	10	50	设置固定频率 3（Hz）

其中，P0003、P0004、P0700 控制命令从数字端口输入；P0003、P0004、P0701、P0702、P0703 定义数字端口功能；P0003、P0004、P1000 频率设定值为固定频率；P0003、P0004、P1001、P1002、P1003 设置固定频率。

5）三段固定频率控制。如图 7-10 所示，合上 SA3，端口 7 为 ON，允许电动机运行，各频段控制，见表 7-9。

表 7-9　各频段控制

SA2 状态	SA1 状态	对 应 频 段	频率参数
0	1	固定频率 1	P1001
1	0	固定频率 2	P1002
1	1	固定频率 3	P1003

① 第一频段控制。SA2、SA1 为 01，变频器工作在第一频段上，由参数 P100l 设定固定频率 10 Hz。

② 第二频段控制。SA2、SA1 为 10，变频器工作在第二频段上，由参数 P1002 设定固定频率 25 Hz。

③ 第三频段控制。SA2、SA1 为 11，变频器工作在第三频段上，由参数 P1003 设定固定频率 50 Hz。

④ 电动机反向运转。电动机反向运转时，只要将对应频段的频率值设定为负。

⑤ 电动机停机的两种方法。

a. 开关 SA2、SA1 为 00，数字输入端口 6、5 为低电平，电动机停止运行。

b. 电动机运行在任何频段时，断开 SA3，数字输入端口 7 为 OFF，电动机按照 OFF1 停止。

7.2.2　七段速频率控制

1. 控制要求

利用 MM440 变频器控制实现电动机七段速频率运转，需要 4 个数字输入端口，图 7-12 为七段固定频率控制接线图。其中，MM440 变频器的数字输入端口 8 设为电动机运行、停止控制端口，数字输入端口 5、6、7 设为七段固定频率控制端口，由带锁按钮 SB1、SB2 和 SB3 按不同通断状态组合，实现七段固定频率控制。七段速度设置如下：

第一段：输出频率为 10 Hz。

第二段：输出频率为 20 Hz。

第三段：输出频率为 50 Hz。

第四段：输出频率为 30 Hz。

第五段：输出频率为 −10 Hz。

第六段：输出频率为 −20 Hz。

第七段：输出频率为 −50 Hz。

七段固定频率控制状态，见表 7-10。

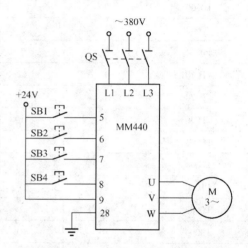

图 7-12　七段固定频率控制接线图

表 7-10　七段固定频率控制状态表

固定频率	7 端口（SB3）	6 端口（SB2）	5 端口（SB1）	对应频率所设置的参数	频率/Hz
1	0	0	1	P1001	10
2	0	1	0	P1002	20
3	0	1	1	P1003	50
4	1	0	0	P1004	30
5	1	0	1	P1005	−10
6	1	1	0	P1006	−20
7	1	1	1	P1007	−50
OFF	0	0	0		0

2. 操作步骤

1）设置七段固定频率控制参数。

七段固定频率控制参数设置，见表 7-11。

表7-11　设置七段固定频率控制参数表

参数号	出厂值	设置值	说　明
P0003	1	1	设用户访问级为标准级
P0004	0	7	命令，二进制I/O
P0700	2	2	命令源选择由端子排输入
P0003	1	2	设用户访问级为扩展级
P0004	0	7	命令，二进制I/O
P0701	1	17	选择固定频率
P0702	1	17	选择固定频率
P0703	9	17	选择固定频率
P0704	15	1	ON接通正转，OFF停止
P0003	1	1	设用户访问级为标准级
P0004	0	10	设定值通道和斜坡函数发生器
P1000	2	3	选择固定频率设定值
P0003	1	2	设用户访问级为扩展级
P0004	0	10	设定值通道和斜坡函数发生器
P1001	0	10	选择固定频率1（Hz）
P1002	5	20	选择固定频率2（Hz）
P1003	10	50	选择固定频率3（Hz）
P1004	15	30	选择固定频率4（Hz）
P1005	20	-10	选择固定频率5（Hz）
P1006	25	-20	选择固定频率6（Hz）
P1007	30	-50	选择固定频率7（Hz）

2）电动机的七段运行控制步骤。

当按下带锁按钮SB4时，数字输入端口"8"为"ON"，允许电动机运行。

①第一频段控制。当SB1按钮接通、SB2和SB3按钮开关断开时，变频器数字输入接口"5"为"ON"，端口"6""7"为"OFF"，变频器工作在由P1001参数所设定的频率为10Hz的第一频段上，电动机运行在由10Hz所对应的转速上。

②第二频段控制。当SB2按钮接通、SB1和SB3按钮开关断开时，变频器数字输入接口"6"为"ON"，端口"5""7"为"OFF"，变频器工作在由P1002参数所设定的频率为20Hz的第二频段上，电动机运行在由20Hz所对应的转速上。

③第三频段控制。当SB1、SB2按钮接通、SB3按钮开关断开时，变频器数字输入接口"5""6"为"ON"，端口"7"为"OFF"，变频器工作在由P1003参数所设定的频率为50Hz的第三频段上，电动机运行在由50Hz所对应的转速上。

④第四频段控制。当SB3按钮接通、SB1和SB2按钮开关断开时，变频器数字输入接口"7"为"ON"，端口"5""6"为"OFF"，变频器工作在由P1004参数所设定的频率为30Hz的第四频段上，电动机运行在由30Hz所对应的转速上。

⑤第五频段控制。当SB1、SB3按钮接通、SB2按钮开关断开时，变频器数字输入接口

"5""7"为"ON",端口"6"为"OFF",变频器工作在由 P1005 参数所设定的频率为 -10 Hz 的第五频段上,电动机反向运行在由 -10 Hz 所对应的转速上。

⑥ 第六频段控制。当 SB2、SB3 按钮接通、SB1 按钮开关断开时,变频器数字输入接口"6""7"为"ON",端口"5"为"OFF",变频器工作在由 P1006 参数所设定的频率为 -20 Hz 的第六频段上,电动机反向运行在由 -20 Hz 所对应的转速上。

⑦ 第七频段控制。当 SB1、SB2 和 SB3 按钮同时接通时,变频器数字输入接口"5""6"和"7"均为"ON",变频器工作在由 P1007 参数所设定的频率为 -50 Hz 的第七频段上,电动机反向运行在由 -50 Hz 所对应的转速上。

⑧ 电动机停车。当 SB1、SB2 和 SB3 按钮都断开时,变频器数字输入接口"5""6"和"7"均为"OFF",电动机停止运行;或在变频器正常运行的任何频段,将 SB4 断开使数字输入端口"8"为"OFF",电动机也能停止运行。

7.2.3 PLC 与变频器联机控制方式

1. 控制要求

通过 S7 - 200 系列 PLC 和 MM440 变频器联机,实现电动机三段速频率运转控制。按下起动按钮 SB1,电动机起动并运行在第一段,频率为 10 Hz,对应电动机转速为 560 r/min;延时 20 s 后,电动机反向运行在第二段,频率为 30 Hz,对应电动机转速为 1680 r/min;再延时 20 s 后,电动机正向运行在第三段,频率为 50 Hz,对应电动机转速为 2800 r/min。按下停车按钮 SB2,电动机停止运行。

2. S7 - 200 系列 PLC 输入/输出分配表

MM440 变频器数字输入端口 DIN1、DIN2 通过 P0701、P0702 参数设为三段固定频率控制端,每一个频段的频率可分别由 P1001、P1002 和 P1003 参数设置。变频器数字输入端口 DIN3 设为电动机的运行、停止控制端,可由 P0703 参数设置。S7 - 200 PLC 输入/输出分配见表 7-12。

表 7-12　S7 - 200 系列 PLC 输入/输出分配表

输　入			输　出	
外接元件	地　址	功　能	地　址	功　能
SB1	I0.1	起动按钮	Q0.1	固定频率设置,DIN1
SB2	I0.2	停止按钮	Q0.2	固定频率设置,DIN2
			Q0.3	电动机运行/停止,DIN3

3. 电路接线

通过 S7 - 200 系列 PLC 和 MM440 变频器联机,按控制要求完成对电动机的控制。PLC 与 MM440 接线如图 7-13 所示。

4. PLC 程序设计

按照电动机控制要求及对 MM440 变频器数字输入端口、S7 - 200 系列 PLC 数字输入/输出分配,S7 - 200 系列 PLC 和 MM440 联机实现三段固定频率控制梯形图程序,如图 7-14 所示。将梯形图程序下载到 PLC 中。

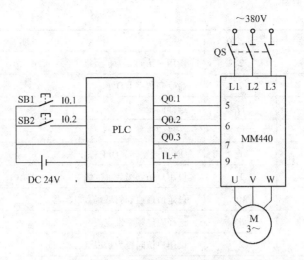

图 7-13　PLC 和变频器联机实现三段速固定频率控制电路图

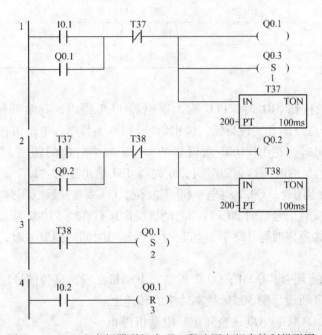

图 7-14　PLC 和变频器联机实现三段速固定频率控制梯形图

5. 变频器参数设置

恢复变频器工厂默认值，P0010 = 30 和 P0970 = 1，按下 P 键，开始复位，复位过程大约 3 min，这样就保证了变频器的参数恢复到工厂默认值。变频器的参数设置见表 7-13。

表 7-13　变频器的参数设置表

参数号	出厂值	设置值	说　　明
P0003	1	1	设用户访问级为标准级
P0004	0	7	命令和数字 I/O
P0700	2	2	命令源选择由端子排输入

参数号	出厂值	设置值	说　　明
P0003	1	2	设用户访问级为扩展级
P0004	0	7	命令和数字 I/O
P0701	1	17	选择固定频率
P0702	1	17	选择固定频率
P0703	1	1	ON 接通正转，OFF 停止
P0003	1	1	设用户访问级为标准级
P0004	0	10	设定值通道和斜坡函数发生器
P1000	2	3	选择固定频率设定值
P0003	1	2	设用户访问级为扩展级
P0004	0	10	设定值通道和斜坡函数发生器
P1001	0	10	设定固定频率 1（Hz）
P1002	5	-30	设定固定频率 2（Hz）
P1003	10	50	设定固定频率 3（Hz）

6. 操作控制

1）当按下自锁按钮 SB1 时，PLC 输入继电器 I0.1 得电，其常开触点闭合，Q0.1 和 Q0.3 得电，其常开触点闭合实现自锁，输出继电器 Q0.1 得电，电动机在发出正转信号延时 20 s 后，电动机正向运行在由 P1001 所设置的 10 Hz 频率对应的转速上，同时接通定时器 T37 并开始延时，当延时时间达到 20 s 时，定时器 T37 输出逻辑"1"。

2）T37 常开触点闭合，Q0.2 得电，Q0.1 复位，Q0.2 常开触点闭合实现自锁，Q0.2 得电，电动机在发出反转信号延时 20 s 后，电动机反向运行在由 P1002 所设置的 30 Hz 频率对应的转速上，同时接通定时器 T38 并开始延时，当延时时间达到 20 s 时，定时器 T38 输出逻辑"1"。

3）T38 常开触点闭合，Q0.1、Q0.2 得电，电动机在发出反转信号延时 20 s 后，电动机正向运行在由 P1008 所设置的 50 Hz 频率对应的转速上。

4）当按下 SB2，Q0.1～Q0.3 全复位，电动机停止。

7.3　三相异步电动机恒速控制

在生产实际中，要求拖动系统的运行速度平稳，但负载在运行中不可避免会受到一些不可预见的干扰，系统的运行速度将失去平衡，出现振荡，和设定值存在偏差。对该偏差值，经过变频器的 P、I、D 调节，可以迅速、准确地消除拖动系统的偏差，恢复到给定值。

7.3.1　变频器 PID 控制系统的构成

1. PID 的闭环控制

PID 就是比例（P）、积分（I）、微分（D）控制，PID 控制属于闭环控制，是使控制系统的被控制量在各种情况下都能够迅速而准确地无限接近控制目标的一种手段。PID 闭环控制是指将被控量的检测信号（即由传感器测得的实际值）反馈到变频器，并与被控量的目标信号相比较，以判断是否已经达到预定的控制目标；如尚未达到，则根据两者的差值进行调整，直至达到预定的控制目标为止。通过变频器实现 PID 控制有两种情况：一是变频器内置的 PID 控制功能，给定信号通过变频器的端子输入，反馈信号也反馈给变频器的控制端，在变频器内部进行 PID 调节以改变输出频率；二是外部的 PID 调节器将给定量与反馈量比较后输出给变频器，加到控制端子作为控制信号，现在，大多数变频器都已经配置了 PID 控制功能。

图 7-15 所示为基本 PID 控制框图，r 为目标信号，y 为反馈信号，变频器输出频率 f_i 的大小由合成信号 x 决定。一方面，反馈信号 y 应无限接近目标信号 r，即 x 趋近于 0；另一方面，变频器的输出频率 f_i 又是由 x 的结果来决定的。

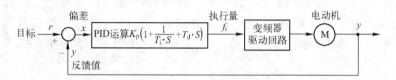

图 7-15   PID 控制框图

图中，K_P 为比例增益，对执行量的瞬间变化有很大影响；T_i 为积分时间常数，该时间越小，达到目标值就越快，但也容易引起振荡，积分作用一般使输出响应滞后；T_d 为微分时间常数，该时间越大，反馈的微小变化就越会引起较大的响应，微分作用一般使输出响应超前。

2. PID 调节功能的预置

（1）预置 PID 调节功能

预置的内容决定变频器的 PID 调节功能是否有效。当变频器完全按 P、I、D 调节的规律运行时，其工作特点是：

1）变频器的输出频率（f_i）只根据反馈信号（y）与目标信号（r）比较的结果进行调整，所以，频率的大小与被控量之间并无对应关系。

2）变频器的加、减速过程将完全取决于由 P、I、D 数据所决定的动态响应过程，而原来预置的"加速时间"和"减速时间"将不再起作用。

3）变频器的输出频率（f_i）始终处于调整状态，因此，其显示的频率常不稳定。

（2）目标值的给定

1）键盘给定法。

由于目标信号是一个百分数，所以可由键盘直接给定。

2）电位器给定法。

目标信号从变频器的频率给定端输入。但这时，由于变频器已经预置为 PID 运行方式，所以，在通过调节电位器来调节目标值时，显示屏上显示的仍是百分数。

3）变量目标值给定法。

在生产过程中，有时要求目标值能够根据具体情况进行适当调整。例如对中央空调的循环冷却水泵进行变频调速时，其目标值是变化的。

（3）P、I、D 参数的调试

1）逻辑关系的预置。

在自动控制系统中，电动机的转速与被控量的变化趋势有时是相反的，称为负反馈，空气压缩机的恒压控制中，压力越高，要求电动机的转速越低。

若电动机的转速与被控量的变化趋势是相同的称为正反馈。例如在空调机中，温度越高，要求电动机转速也越高。用户应根据具体情况进行预置，下面的调试过程都是以负反馈（正逻辑）为例的。

2）比例增益与积分时间的调试。

① 手动模拟调试。在系统运行之前，可以先用手动模拟的方法对 PID 功能进行初步调试。首先，将目标值预置到实际需要的数值；将一个手控的电压或电流信号接至变频器的反馈信号输入端。缓慢地调节目标信号，正常的情况是：当目标信号超过反馈信号时，变频器的输入频率将不断地上升，直至最高频率；反之，当反馈信号高于目标信号时，变频器的输入频率将不断下降，直至频率为 0 Hz。上升或下降的快慢，反映了积分时间的大小。

② 系统调试。由于 P、I、D 的取值与系统的惯性大小有很大的关系，因此，很难一次调定。

首先将微分功能 D 调为 0。在许多要求不高的控制系统中，微分功能 D 可以不用，在初次调试时，P 可按中间偏大值来预置；保持变频器的出厂设定值不变，使系统运行起来，观察其工作情况：如果在压力下降或上升后难以恢复，说明反应太慢，则应加大比例增益 K_p，在增大 K_p 后，虽然反应快了，但却容易在目标值附近波动，说明应加大积分时间，直至基本不振荡为止。

总之，在反应太慢时，应调大 K_p，或减小积分时间；在发生振荡时，应调小 K_p 或加大积分时间。在有些反应速度较高的系统中，可考虑加微分环节 D。

3）外接 PID 调节功能的 P、I、D 控制。

变频器本身没有 PID 调节功能的情况下，有必要配用外接的 PID 调节器。

7.3.2 变频器 PID 参数设置

1. PID 闭环控制具体参数设置

PID 闭环控制功能主要用于某些被控量的控制，如压力、温度、速度等等。具体参数设置如图 7-16 所示。

2. PID 设定值信号源（P2253）

在 MM440 系列变频器中，主设定值的给定主要通过以下几种方式：

1）模拟输入。

2）固定 PID 设定值。

3）已激活的 PID 设定值。

MM440 变频器 PID 给定源设定见表 7-14。

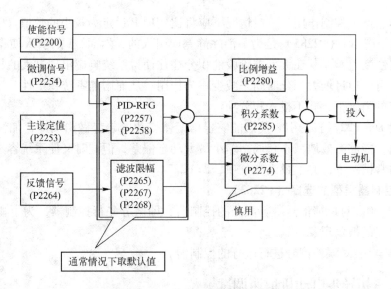

图 7-16 PID 闭环控制参数设置

表 7-14 **MM440 PID 给定源设定**

PID 给定源	设定值	功能解释	说　明
P2253	=2250	BOP 面板	通过改变 P2240 改变目标值
	=755.0	模拟通道 1	通过模拟量大小来改变目标值
	=755.1	模拟通道 2	

3. 反馈通道的设定（P2264）

通过各种传感器、编码器采集的信号或者变频器的模拟输出信号，均可以作为闭环系统的反馈信号，反馈通道的设定和主设定值相同。

MM440 变频器 PID 反馈源设定见表 7-15。

表 7-15 **MM440 PID 反馈源设定**

PID 反馈源	设定值	功能解释	说　明
P2264	=755.0	模拟通道 1	当模拟量波动较大时，可适当加大滤波时间，确保系统稳定
	=755.1	模拟通道 2	

4. PID 固定频率的设定

1）直接选择（P0701 = 15 或 P0702 = 15）。在这种方式下，一个数字输入选择一个固定 PID 频率。

2）直接选择 + ON 命令（P0701 = 16 或 P0702 = 16）。每个数字输入在选择一个固定频率的同时，还带有运行命令。

3）二进制编码的十进制数选择 + ON 命令（P0701 = 17 或 P0706 = 17）。使用这种选择固定频率，最多可以选择 15 种不同的频率值。

4）令 P0701 = 99，P1020 = 722.0，P1016 = 1，则选通 P2201 的频率设定值。

5. PID 控制器的设计

PID 比例增益系数 P（P2280）的作用使得控制器的输入、输出成比例关系，一一对应，一有偏差立即会产生控制作用。一般情况下应将比例项 P 设定为较小的数值（0.5）。

PID 的积分作用 I（P2285）是为了消除静差而引入的，然而，I 的引入使得响应的快速性下降，稳定性变差，尤其在大偏差阶段的积分往往使得系统响应出现过大的超调，调节时间变长，因此可以通过增大积分时间来减少积分作用，从而增加系统稳定性。注意当积分时间 P2285 为零的情况下，并不投入积分项。

微分作用 D（P2274）的引入使之能够根据偏差变化的趋势做出反应，加快了对偏差变化的反应速度，能够有效地减小超调，缩小最大动态偏差，但同时又使系统容易受到高频干扰的影响。通常情况下，并不投入微分项，即 P2274 = 0。

6. PID 控制器类型的选择（P2263）

1）P2263 = 0。对反馈信号进行微分的控制器，即微分先行控制器，为了避免大幅度改变给定值所引起的振荡现象。

2）P2263 = 1。对误差信号进行微分的控制器。

7.3.3 三相异步电动机恒速调试

1. 相关知识

MM440 变频器内部有 PID 调节器。利用 MM440 变频器可方便地构成 PID 闭环控制，MM440 变频器 PID 控制原理简图如图 7-17 所示。

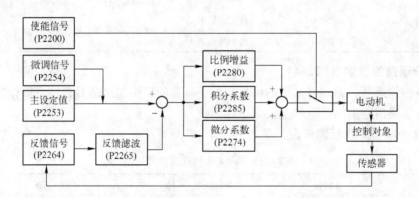

图 7-17 MM440 变频器 PID 控制原理简图

2. 按要求接线

图 7-18 为面板设定目标值时 PID 控制端子接线图，模拟输入端 AIN2 接入反馈信号（0 ~ 20 mA），数字量输入端 DIN1 接入的带锁按钮 SB1 控制变频器的启/停，给定目标值由 BOP 面板的（▲▼）键设定。

3. 参数设置

1）参数复位。恢复变频器工厂默认值，设定 P0010 = 30 和 P0970 = 1，按下 P 键，开始复位，复位过程大约为 3 s，这样就保证了变频器的参数恢复到工厂默认值。

2）设置电动机参数，见表 7-16。电动机参数设置完成后，设 P0010 = 0，变频器当前处于准备状态，可正常运行。

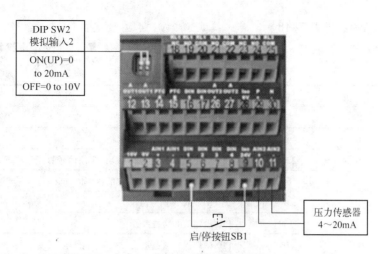

图 7-18　PID 控制端子接线图

表 7-16　设置电动机参数表

参数号	出厂值	设置值	说　　明
P0003	1	1	设用户访问级为标准级
P0010	0	1	快速调试
P0100	0	0	功率单位为 kW，频率为 50 Hz
P0304	400	380	电动机额定电压（V）
P0305	1.90	0.80	电动机额定电流（A）
P0307	0.75	0.11	电动机额定功率（kW）
P0310	50	50	电动机额定频率（Hz）
P0311	1395	1400	电动机额定转速（r/min）

3）控制参数见表 7-17。

表 7-17　控制参数表

参数号	出厂值	设置值	说　　明
P0003	1	2	用户访问级为扩展级
P0004	0	0	参数过滤显示全部参数
P0700	2	2	由端子排输入（选择命令源）
＊P0701	1	1	端子 DIN1 功能为 ON 正转/OFF 停止
＊P0702	12	0	端子 DIN2 共用
＊P0703	9	0	端子 DIN3 共用
＊P0704	0	0	端子 DIN4 共用
P0725	1	1	端子 DIN 输入为高电平有效
P1000	2	1	频率设定由 BOP（▲▼）设置
＊P1080	0	20	电动机运行的最低频率（下限频率）（Hz）
＊P1082	50	50	电动机运行的最高频率（上限频率）（Hz）
P2200	0	1	PID 控制功能有效

4）设置目标参数见表 7-18。

当 P2232 =0 允许反向时，可以用面板 BOP 键盘上的（▲▼）键设定 P2240 值为负值。

表 7-18　目标参数表

参数号	出厂值	设置值	说　明
P0003	1	3	用户访问级为专家级
P0004	0	0	参数过滤显示全部参数
P2253	0	2250	已激活的 PID 设定值（PID 设定值信号源）
* P2240	10	60	由面板 BOP（▲▼）设定的目标值（%）
* P2254	0	0	无 PID 的微调信号源
* P2255	100	100	PID 设定值的增益系数
* P2256	100	0	PID 微调信号增益系数
* P2257	1	1	PID 设定值斜坡上升时间
* P2258	1	1	PID 设定值斜坡下降时间
* P2261	0	0	PID 设定值无滤波

5）设置反馈参数见表 7-19。

表 7-19　反馈参数表

参数号	出厂值	设置值	说　明
P0003	1	3	用户访问级为专家级
P0004	0	0	参数过滤显示全部参数
P2264	755.0	755.1	PID 反馈信号由 AIN2 +（即模拟输入 2）设定
* P2265	0	0	PID 反馈信号无滤波
* P2267	100	100	PID 反馈信号的上限值（%）
* P2268	0	0	PID 反馈信号的下限值（%）
* P2269	100	100	PID 反馈信号的增益（%）
* P2270	0	0	不用 PID 反馈器的数学模型
* P2271	0	0	PID 传感器的反馈形式为正常

6）设置 PID 参数见表 7-20。

表 7-20　PID 参数表

参数号	出厂值	设置值	说　明
P0003	1	3	用户访问级为专家级
P0004	0	0	参数过滤显示全部参数
* P2280	3	25	PID 比例增益系数
* P2285	0	5	PID 积分时间
* P2291	100	100	PID 输出上限（%）
* P2292	0	0	PID 输出下限（%）
* P2293	1	1	PID 限幅的斜坡上升/下降时间（s）

7.4　本章小结

本章主要介绍了通过西门子 MM440 变频器实现电动机的速度控制。基本操作包括：工频/变频切换、加减速控制、多段速运行、PID 控制操作等。通过本章的学习，读者应能够对变频器的功能参数进行合理、正确的预置，并能够自行设计通过变频器实现电动机的加、减速控制、多段速运行、PID 控制电路。

7.5　测试题

1. 何为起动频率，其设置有什么作用？

2. 何为加速方式，其常见的形式有哪几种？

3. 有一车床用变频器控制主轴电动机转动，要求用操作面板进行频率和运行控制。已知电动机功率为 22 kW，额定电压为 380 V，功率因数为 0.85，效率为 0.95，转速范围 200～1450 r/min，请设定功能参数。

4. 项目训练

利用 MM440 变频器实现电动机三段速频率运转。其中，DIN3 端口设为电动机起停控制，DIN1 和 DIN2 端口设为三段速频率输入选择，三段速度设置如下：

第一段：输出频率为 15 Hz；电动机转速为 840 r/min；

第二段：输出频率为 35 Hz；电动机转速为 1960 r/min；

第三段：输出频率为 50 Hz；电动机转速为 2800 r/min。

电路接线如图 7-19 所示，试完成电动机和变频器参数设置。

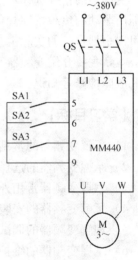

图 7-19　电动机三段速
频率运转接线图

第8章 变频器的选用与维护

【导学】

📖 你了解到的变频器的品牌有哪些？使用时如何选择的？

变频器的品牌较多，主要分进口品牌和国产品牌两大类。进口的品牌主要有：西门子、ABB、A－B、丹弗斯、施奈德、艾默生、富士电机、东芝三菱、博世力士乐、伟肯、安川等；国产品牌主要有：汇川、安邦信、英威腾、三晶、海利普、森兰、台达惠丰等。

变频器的正确选择对于控制系统的正常运行是非常关键的，选择变频器时要充分了解变频器所驱动的负载特性。负载大致分为恒转矩负载、恒功率负载和流体类负载三种类型，用户可以根据自己的实际工艺要求和运用场合选择不同类型的变频器。

本章主要介绍变频器及其外围设备的选用方法，变频器的安装与调试，变频器的日常维护和故障检修等知识。

【学习目标】

1）了解变频器的常见类型及应用场合。
2）掌握变频器的选择原则和方法。
3）掌握变频器常用外围设备的选择方法。
4）了解变频器的安装和接线要求。
5）理解变频器的调试意义和基本步骤。
6）掌握变频器的维护项目和内容。
7）了解变频器的常见故障检修方法。

8.1 变频器的选用

通用变频器的选择包括变频器的形式选择和容量选择两个方面，其总的原则是首先保证满足工艺要求，再尽可能节省资金。要根据工艺环节、负载的具体要求选择性价比相对较高的品牌和类型及容量。

8.1.1 变频器类型的选择

变频器有许多类型，主要根据负载的要求来进行选择。

1. 流体类负载

在各种风机、水泵、油泵中，随叶轮的转动，空气或液体在一定的速度范围内所产生的阻力大致与速度 n 的二次方成正比。随着转速的减小，转矩按转速的二次方减小。这种负载所需的功率与速度的三次方成正比。各种风机、水泵和油泵都属于典型的流体类负载，由于流体类负载在高速时的需求功率增长过快，与负载转速的三次方成正比，所以不应使这类负载超工频运行。

流体类负载在过载能力方面要求较低，由于负载转矩与速度的二次方成反比，所以低速运行时负载较轻（罗茨风机除外），又因为这类负载对转速精度没有什么要求，故选型时通常以价格为主，应选择普通功能型变频器，只要变频器容量等于电动机容量即可（空气压缩机、深水泵、泥沙泵、快速变化的音乐喷泉需加大容量），目前已有为此类负载配套的专用变频器可供选用。

2. 恒转矩负载

如挤压机、搅拌机、传送带、厂内运输电车、起重机的平移机构和起动机构等都属于恒转矩负载，其负载转矩 T_L 与转速 n 无关，在任何转速下 T_L 保持恒定或基本恒定，负载功率随着负载速度的增高而线性增加。为了实现恒转矩调速，常采用具有转矩控制功能的高功能型变频器。因为这种变频器低速转矩大，静态机械特性硬度大，不怕冲击负载。从目前市场情况看，这种变频器的性能价格比还是相当令人满意的。

变频器拖动具有恒转矩特性的负载时，低速时的输出转矩要足够大，并且要有足够的过载能力。如果需要在低速下稳速运行，应考虑标准电动机的散热能力，避免电动机的温升过高。而对不均性负载（其特性是：负载有时轻，有时重）应按照重负载的情况来选择变频器容量，例如轧钢机械、粉碎机械、搅拌机等。

对于大惯性负载，如离心机、冲床、水泥厂的旋转窑，此类负载惯性很大，因此起动时可能会振荡，电动机减速时有能量回馈。应该选用容量稍大的变频器来加快起动，避免振荡，并需配有制动单元消除回馈电能。

3. 恒功率负载

恒功率负载的特点是需求转矩 T_L 与转速 n 大体成反比，但其乘积（即功率）却近似不变。金属切削机床的主轴和轧机、造纸机、薄膜生产线中的卷取机、开卷机等，都属于恒功率负载。负载的恒功率性质是就一定的速度变化范围而言的，当速度很低时，受机械强度的限制，负载转矩 T_L 不可能无限增大，在低速下转变为恒转矩性质。负载的恒功率区和恒转矩区对传动方案的选择有很大影响。

如果电动机的恒转矩和恒功率调速的范围与负载的恒转矩和恒功率范围相一致，即所谓匹配的情况下，电动机容量和变频器的容量均最小。但是，如果负载要求的恒功率范围很宽，要维持低速下的恒功率关系，对变频调速而言，电动机和变频器的容量不得不增大，控制装置的成本就会加大。所以，在可能的情况下，尽量采用折中的方案，适当地缩小恒功率范围（以满足生产工艺为前提）。可减小电动机和变频器的容量，降低成本。

对于恒功率负载，电动机的容量选择与传动比的大小有很大关系，应在电动机的最高频率不超过两倍额定频率及不影响电动机正常工作的前提下，适当增加电动机和负载的传动比，以减小电动机的容量，变频器的容量与电动机的容量相当或稍大。

8.1.2 变频器品牌型号的选择

变频器是变频调速系统的核心设备，它的品质对于系统的可靠性影响很大。选择品牌时，品质，尤其是与可靠性相关的品质，显然是选择时的重要考虑方面。作为电力电子设备，变频器的故障发生率存在两头高、中间低的现象。即调试期及使用初期故障率比较高一些，之后有一个时间比较长的低故障稳定期，到其寿命末期故障率又会再提高。

对于品牌选择，本企业以及本行业的使用经验，加上生产厂家的市场口碑，通常是最重要的选择依据。此外，根据产品的平均无故障时间来挑选品牌，经验和口碑仍然是主要因素。根据使用经验，品质较好的变频器平均使用寿命都在 10 年以上，而各种应用的平均日运行时间大约在 8 小时左右。因此一台品质良好的变频器平均预期寿命应该达到 30 000 小时以上。

在同一品牌中选择具体型号时，则主要依据已经确定的变频调速方案、负载类型以及应用所需要的一些附加功能等决定。调速方案若确定了采用成组驱动方式，则应选择有单独逆变器供货的型号；若确定采用矢量控制式或者直接转矩控制，则需要选择相应的变频器；若确定外部控制系统采用 PLC 系统并且用通信方式连接时，变频器的通信能力及采用的通信协议应该纳入考虑范围。

负载类型对于变频器的过载能力选择是重要的依据。二次方转矩负载可以选择 125% 左右过载能力的变频器，恒转矩负载则应该选择过载能力不低于 150% 的变频器。专门为二次方转矩负载设计的变频器价格较低，对于风机、泵类应用应该作为首选型号。

一些控制功能不是所有变频器都具备的，如转矩补偿功能、短时停电后自动恢复运行功能、起动时速度自动搜索功能、共振频率回避功能、转矩给定控制功能等，在选择型号时需要对应用所必需的功能进行核定。确定型号时的选择原则有时候也会影响品牌的选择，如果应用所需要的功能或者控制方式在某品牌的各型号变频器上都不具备时，则应该考虑更换品牌。

8.1.3 变频器规格的选择

1. 按照标称功率选择

一般而言，按照标称功率选择只适合在不清楚电动机额定电流时使用（比如电动机型号还没有最后确定的情况）。作为估算依据，在一般恒转矩负载应用时，可以放大一级估算。例如，90 kW 电动机可以选择 110 kW 变频器。在按照过载能力选择时，可以放大一倍来估算。例如，90 kW 电动机可选择 185 kW 变频器。

对于二次方转矩负载（如风机负载），一般可以直接按照标称功率作为最终选择依据，并且不必放大。例如，75 kW 风机电动机可以选择 75kW 的变频器。

2. 按照电动机额定电流选择

对于多数的恒转矩负载新设计的项目，可以按照以下公式选择变频器规格：

$$I_{evf} \geq K_1 I_{ed} \tag{8-1}$$

式中，I_{evf}——变频器额定电流；

I_{ed}——电动机额定电流；

K_1——电流裕量系数。

根据应用情况，电流裕量系数可取 1.05 ~ 1.15，一般情况可取最小值。另外，如起动、停止频繁则应该考虑取最大值，这是因为起动过程以及有制动电路的停止过程，其电流会短时超过额定电流，频繁起动、停止则相当于增加了负载率。

例如，某 110 kW 电动机的额定电流为 212 A，取裕量系数为 1.05，按照式（8-1）计算，得变频器额定电流大于或等于 222.6 A，可选择某型号 110 kW 变频器，其额定电流为 224 A。

这里的裕量系数主要是为防止电动机的功率选择偏低，实际运行时经常超过负载而设置。在变频器内部设定电动机额定电流时，不应该考虑裕量系数，否则变频器对电动机的保护就不那么有效了。例如，在上面的例子中，在变频器上设定额定电流时应该是 212 A 而不是 222.6 A。多数情况下，按照式（8-1）计算的结果，变频器的功率与电动机功率都是匹配的，不需要放大。因此，在选择变频器时动辄把功率放大一级是没有道理的，会造成不必要的浪费。

3. 按照电动机实际运行电流选择

这种方式适用于改造工程，对于原来电动机已经处于大马拉小车的情况，可以选择功率比较合适的变频器以节省投资。

$$I_{\text{evf}} \geq K_2 I_{\text{d}} \tag{8-2}$$

式中，K_2——裕量系数，考虑到测量误差，可取 $K_2 = 1.1 \sim 1.2$，频繁起动、停止时，应该取最大值。

I_{d}——电动机实测运行电流，指的是稳态运行电流，不包括起动、停止和负载突变时的动态电流，实测时应该针对不同工况作多次测量，取其中最大值。

按照式（8-2）计算时，变频器的标称功率可能小于电动机额定功率。由于降低变频器容量不仅会降低稳定运行时的功率，也会降低最大过载转矩，降低太多时可能导致起动困难，所以按照式（8-2）计算以后，实际选择时，恒转矩负载的变频器标称功率不应小于电动机额定功率的 65%。如果对起动时间有要求，则通常不应该降低变频器功率。

例如，某风机电动机额定功率 160 kW，额定电流为 289 A，实测稳定运行电流在 112 ~ 148 A 变化，起动时间没有特殊要求。取 $I_{\text{d}} = 148$ A，$K_2 = 1.1$，按照式（8-2）计算，变频器额定电流应不小于 162.8 A。可选择某型号 90 kW 变频器，额定电流 180 A。但 90/160 = 56.25%。因此，实际选择型号 110 kW 变频器，110/160 = 68.75% 符合要求。

当变频器选择小于电动机功率时，不能按照电动机额定电流进行保护，这时可不更改变频器内的电动机额定电流，直接使用默认值，变频器将会把电动机当作标称功率电动机进行保护。如上面例子中，变频器会把那台电动机当作 110 kW 电动机保护。

4. 按照转矩过载能力选择

变频器的电流过载能力通常比电动机的转矩过载能力低，因此，按照常规配备变频器时电动机转矩过载能力不能充分发挥作用。由于变频器能够控制在稳定过载转矩下持续加速到全速运行，因此，平均加速度并不低于直接起动的情况，一般应用中没有什么问题。在大转动惯量情况下，同样电磁转矩的加速度较低，如果要求较快加速，则需要加大电磁转矩；正常的转动惯量情况下，电动机从零加速到全速的时间通常需要 2 ~ 5 s，如果应用要求加速时间更短，也需要加大电磁转矩；对于转矩波动型或者冲击转矩负载，瞬间转矩可能达到额定转矩的 2 倍以上，为防止保护动作，也需要加大最大电磁转矩。这些情况下充分发挥电动机的转矩过载能力是有必要的，应该按照下式选择变频器：

$$I_{\text{evf}} \geq K_3 \frac{\lambda_{\text{d}} I_{\text{ed}}}{\lambda_{\text{vf}}} \tag{8-3}$$

式中，λ_{d}——电动机转矩过载倍数；

λ_{vf}——变频器电流短时过载倍数；

K_3——电流/转矩系数。

电动机转矩过载倍数 λ_d 可以从产品样本查得。变频器电流 1 min 过载倍数 150%，最大瞬间过载电流倍数 200%，因此，可用的短时过载倍数 λ_{vf} 一般按照 1.6~1.7 选取。由于磁通衰减和转子功率因数降低，最大转矩时的电流过载倍数要大于转矩过载倍数，因此电流/转矩系数 K_3 应该大于 1，可选择 1.1~1.5。对于矢量控制和直接转矩，磁通基本不会衰减，这时电动机实际转矩过载能力大于样本值，因此电流/转矩系数也应该同样选择。

例如，某轧钢机飞剪机构，在空刃位置时要求低速运行以提高定尺精度，进入剪切位置前则要求快速加速到线速度与刚才速度同步，因此需要按照转矩过载能力选择变频器，飞剪电动机 160 kW，额定电流 296 A，转矩过载倍数 λ_d 为 2.8。

取电流/转矩系数 K_3 为 1.15，变频器短时过载倍数 λ_{vf} 为 1.7，用式 (8-3) 计算的变频器额定电流应小于 560 A，选择某型号 300 kW 变频器，额定电流为 605 A。

综上所述，根据实际工程情况，以适当的方法选择变频器规格很重要。选择结果多数情况下变频器标称功率与电动机功率匹配，少数情况需要放大一级，个别情况需要放大二、三级甚至一倍以上。有时，变频器标称功率可小于电动机功率。所以，笼统地认为应放大一级功率选择变频器，是错误的想法，多数情况会造成投资浪费，个别情况下又不能满足应用需要。

8.1.4 变频器容量的选择

变频器的容量可从 3 个方面表示：额定输出电流 (A)、输出容量 (kV·A)、适用电动机功率 (kW)。其中，额定输出电流为变频器可以连续输出的最大交流电流有效值。输出容量是决定于额定输出电流与额定输出电压的三相视在输出功率。适用电动机功率是以 2、4 极的标准电动机为对象，表示在额定输出电流以内可以驱动的电动机功率。6 极以上的电动机和变极电动机等特殊电动机的额定电流比标准电动机大，不能根据适用电动机的功率选择变频器容量。因此，用标准 2、4 极电动机拖动的连续恒定负载，变频器的容量可根据适用电动机的功率选择；对于用 6 极以上和变极电动机拖动的负载、变动负载，变频器的容量应按运行过程中出现的最大工作电流来选择。

1. 变频器容量选择规则

采用变频器对异步电动机进行调速时，在异步电动机确定后，通常根据异步电动机的额定电流来选择变频器，或者根据异步电动机实际运行中的电流值（最大值）来选择变频器。

（1）连续运行的场合

由于变频器供给电动机的电流是脉动电流，其脉动值比工频供电时的电流要大。因此，应将变频器的容量留有适当的裕量，通常应使变频器的额定输出电流 ≥ (1.05~1.1) 倍电动机的额定电流（铭牌值）或电动机实际运行中的最大电流。

（2）短时间加、减速的场合

变频器的最大输出转矩是由变频器的最大输出电流决定的。一般情况下，对于短时间的加、减速而言，变频器允许达到额定输出电流 130%~150%（视变频器容量有别）。在短时间加、减速时的输出转矩也可以增大；反之，如只需要较小的加、减速转矩时，也可降低选择变频器的容量。由于电流的脉动原因，此时应将变频器的最大输出电流降低 10% 再进行选定。

（3）频繁加、减速运转场合

频繁加、减速运转时，可根据加速、恒速、减速等各种运行状态下变频器的电流值来确定变频器额定输出电流 I_{INV}。

$$I_{\text{INV}} = \left[(I_1 t_1 + I_2 t_2 + \cdots + I_n t_n) / (t_1 + t_2 + \cdots t_n) \right] K_0 \tag{8-4}$$

式中 I_1、I_2……I_n——各运行状态下的平均电流（A）；

   t_1、t_2……t_n——各运行状态下的时间（s）；

   K_0——安全系数（频繁运行时取 1.2，一般运行时取 1.1）。

（4）电流变化不规则的场合

运行中如果电动机电流不规则变化，此时不易获得运行特性曲线。这时，可使电动机在输出最大转矩时的电流限制在变频器的额定输出电流内进行选定。

（5）电动机直接起动场合

通常，三相异步电动机直接用工频起动时起动电流为其额定电流的 5~7 倍，直接起动时可按下式选取变频器：

$$I_{\text{INV}} \geqslant I_K / K_g \tag{8-5}$$

式中 I_K——在额定电压、额定频率下电动机起动时的堵转电流（A）；

   K_g——变频器的允许过载倍数，$K_g = 1.3 \sim 1.5$。

（6）一台变频器驱动多台电动机

上述（1）~（5）仍适用，但应考虑以下几点：

① 在电动机总功率相等的情况下，由多台小功率电动机组成的一组电动机的效率，比由台数少但电动机功率较大的一组低。因此，两者电流总值并不等，可根据各电动机的电流总值来选择变频器。

② 在整定软起动、软停止时，一定要按起动最慢的那台电动机进行整定。

③ 若有一部分电动机直接起动时，可按下式进行计算：

$$I_{\text{INV}} \geqslant \left[N_2 I_K + (N_1 - N_2) I_N / K_g \right] \tag{8-6}$$

式中 N_1——电动机总台数；

   N_2——直接起动的电动机台数；

   I_K——电动机直接起动时的堵转电流（A）；

   I_N——电动机额定电流（A）；

   K_g——变频器允许过载倍数（1.3~1.5）；

   I_{INV}——变频器额定输出电流（A）。

多台电动机依次进行直接起动，到最后一台时，起动条件最不利。

2. 容量选择注意事项

（1）并联追加投入起动

用 1 台变频器使多台电动机并联运行时，如果所有电动机同时起动加速，可按如前所述选择容量。但是对于一小部分电动机开始起动后再追加投入其他电动机起动的场合，此时，变频器的电压、频率已经上升，追加投入的电动机将产生大的起动电流。因此，变频器容量与同时起动时相比需要大些。

（2）大过载容量

根据负载的种类往往需要过载容量大的变频器。通用变频器过载容量通常多为 125%、60 s 或 150%、60 s，需要超过此值的过载容量时必须增大变频器的容量。

（3）轻载电动机

电动机的实际负载比电动机的额定输出功率小时，则认为可选择与实际负载相称的变频器容量。对于通用变频器，即使实际负载较小，使用比按电动机额定功率选择的变频器容量小的变频器并不理想。

（4）输出电压

变频器的输出电压按电动机的额定电压选定：在我国低压电动机多数为 380 V，可选用 400 V 系列变频器。应当注意变频器的工作电压是按 U/f 曲线变化的。变频器规格表中给出的输出电压是变频器的可能最大输出电压，即基频下的输出电压。

（5）输出频率

变频器的最高输出频率，因机种不同而有很大不同，有 50 Hz/60 Hz、120 Hz、240 Hz 或更高。50 Hz/60 Hz 的变频器是以在额定速度以下范围内进行调速运转为目的，大容量通用变频器几乎都属于此类。最高输出频率超过工频的变频器多为小容量。在 50 Hz/60 Hz 以上区域，由于输出电压不变，为恒功率特性，要注意在高速区转矩的减小。

考虑到以上各点，根据变频器使用目的所确定的最高输出频率来选择变频器。变频器内部产生的热量大，考虑到散热的经济性，除小容量变频器外几乎都是开启式结构，采用风扇进行强制冷却。变频器设置场所在室外或周围环境恶劣时，最好装在独立盘上，采用具有冷却热交换装置的全封闭式结构。

8.2 变频器外围设备的选择

变频器的运行离不开外围设备，选用外围设备通常是为了提高变频器的某些性能、对变频器和电动机进行保护以及减小变频器对其他设备的影响等。变频器的外围设备如图 8-1 所示，在实际应用中，图 8-1 所示的电器并不一定全部都要连接，有的电器通常都是选购件。

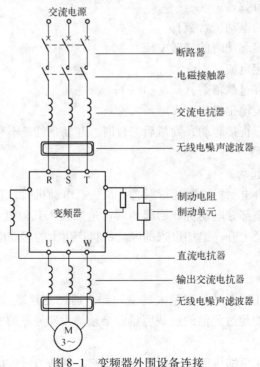

图 8-1 变频器外围设备连接

8.2.1 断路器的功能及选择

1. 断路器的主要功能

断路器俗称空气开关，主要功能有：

1）隔离作用。

变频器进行维修时，或长时间不用时，将其切断，使变频器与电源隔离，确保安全。

2）保护作用。

低压断路器具有过电流及欠电压等保护功能，当变频器的输入侧发生短路或电源电压过低等故障时，可迅速进行保护。

由于变频器有比较完善的过电流和过载保护功能，且断路器也具有过电流保护功能，故进线侧可不接熔断器。

2. 断路器的选择

因为低压断路器具有过电流保护功能，为了避免不必要的误动作，选用时应充分考虑电路是否有正常过电流。在变频器单独控制电路中，属于正常过电流的情况有：

1）变频器刚接通瞬间，对电容器的充电电流可高达额定电流的 2 ~ 3 倍。

2）变频器的进线电流是脉冲电流，其峰值经常可能超过额定电流。

一般变频器允许的过载能力为额定电流的150%，运行1 min。所以为了避免误动作，低压断路器的额定电流 I_{QN} 应选

$$I_{QN} \geq (1.3 \sim 1.4)I_N \tag{8-7}$$

式中，I_N——变频器的额定电流。

在电动机要求实现工频和变频的切换控制电路中，断路器应按电动机在工频下的起动电流来进行选择

$$I_{QN} \geq 2.5I_{MN} \tag{8-8}$$

式中　I_{MN}——电动机的额定电流。

8.2.2 接触器的功能及选择

1. 接触器的功能

接触器的功能是在变频器出现故障时切断主电源，并防止掉电及故障后的再起动。

2. 接触器的选择

接触器根据连接的位置不同，其型号的选择也不尽相同，下面以图 8-1 所示电路为例，介绍接触器的选择方法。

（1）输入侧接触器的选择

输入侧接触器的选择原则是，主触点的额定电流 I_{KN} 只需大于或等于变频器的额定电流 I_N 即可。

$$I_{KN} \geq I_N \tag{8-9}$$

（2）输出侧接触器的选择

输出侧接触器仅用于和工频电源切换等特殊情况。因为输出电流中含有较强的谐波成分，其有效值略大于工频运行时的有效值，故主触点的额定电流 I_{KN} 满足

$$I_{KN} \geq 1.1I_{MN} \tag{8-10}$$

式中 I_{MN}——电动机的额定电流。

（3）工频接触器的选择

工频接触器的选择应考虑到电动机在工频下的起动情况，其触点电流通常可按电动机的额定电流再加大一个档次来选择。

8.2.3 电抗器的功能及选择

1. 输入交流电抗器

输入交流电抗器可抑制变频器输入电流的高次谐波，明显改善功率因数。输入交流电抗器为选购件，在以下情况应考虑接入交流电抗器：

① 变频器所用之处的电源容量与变频器容量之比为 10∶1 以上。

② 同一电源上接有晶闸管变流器负载或在电源端带有开关控制调整功率因数的电容器。

③ 三相电源的电压不平衡度较大（≥3%）。

④ 变频器的输入电流中含有许多高次谐波成分，这些高次谐波电流都是无功电流，使变频调速系统的功率因数降低到 0.75 以下。

⑤ 变频器的功率大于 30 kW。

接入的交流电抗器应满足以下要求：电抗器自身分布电容小；自身的谐振点要避开抑制频率范围；保证工频压降在 2% 以下，工耗要小。

常用的交流电抗器的规格见表 8-1。

表 8-1 常用交流电抗器的规格

电动机容量/kW	30	37	45	55	75	90	110	132	160	200	220
变频器容量/kW	30	37	45	55	75	90	110	132	160	200	220
电感量/mH	0.32	0.26	0.21	0.18	0.13	0.11	0.09	0.08	0.06	0.05	0.05

2. 直流电抗器

直流电抗器可将功率因数提高至 0.9 以上。由于其体积较小，因此许多变频器已将直流电抗器直接装在变频器内。

直流电抗器除了提高功率因数外，还可削弱在电源刚接通瞬间的冲击电流。如果同时配用交流电抗器和直流电抗器，则可将变频调速系统的功率因数提高至 0.95 以上。常用直流电抗器的规格见表 8-2。

表 8-2 常用直流电抗器的规格

电动机容量/kW	30	37 ~ 55	75 ~ 90	110 ~ 132	160 ~ 200	220	280
允许电流/A	75	150	220	280	370	560	740
电感量/mH	0.6	0.3	0.2	0.14	0.11	0.07	0.055

3. 输出交流电抗器

输出交流电抗器用于抑制变频器的辐射干扰和感应干扰，还可以抑制电动机的振动。输出交流电抗器是选购件，当变频器干扰严重或电动机振动时，可考虑接入。输出交流电抗器的选择与输入交流电抗器相同。

8.2.4 无线电噪声滤波器的功能及选择

变频器的输入和输出电流中都含有很多高次谐波成分。这些高次谐波电流除了增加输入侧的无功功率、降低功率因数（主要是频率较低的谐波电流）外，频率较高的谐波电流还将以各种方式把自己的能量传播出去，形成对其他设备的干扰，严重的甚至还可能使某些设备无法正常工作。

滤波器是用来削弱这些较高频率的谐波电流，以防止变频器对其他设备的干扰。滤波器主要由滤波电抗器和电容器组成。图 8-2a 所示为输入侧滤波器；图 8-2b 所示为输出侧滤波器。应注意的是：变频器输出侧的滤波器中，其电容器能接在电动机侧，且应串入电阻，以防止逆变器因电容器的充、放电而受冲击。

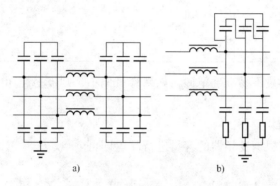

a) b)

图 8-2 无线电噪声滤波器

a）输入侧滤波器 b）输出侧滤波器

在对防止无线电干扰要求较高及要求符合 CE、UL、CSA 标准的使用场合，或变频器周围有抗干扰能力不足的设备等情况下，均应使用这种滤波器。安装时应注意接线尽量缩短，滤波器应尽量靠近变频器。

8.2.5 制动电阻及制动单元的选择

制动电阻及制动单元的功能是当电动机因频率下降或重物下降（如起重机械）而处于再生制动状态时，可避免在直流回路中产生超高的泵生电压。

1. 制动电阻 R_B 的选择

（1）制动电阻 R_B 的大小

$$\frac{U_{DH}}{2I_{MN}} \leqslant R_B \leqslant \frac{U_{DH}}{I_{MN}} \qquad (8-11)$$

式中 U_{DH}——直流回路电压的允许上限值（V），$U_{DH} \approx 600\,V$。

（2）电阻的功率 P_B

$$P_B = \frac{U_{DH}^2}{\gamma R_B} \qquad (8-12)$$

式中 γ——修正系数。

常用制动电阻的阻值与容量的参考值见表 8-3。

表 8-3 常用制动电阻的阻值与容量的参考值

电动机容量/kW	电阻值/Ω	电阻功率/kW	电动机容量/kW	电阻值/Ω	电阻功率/kW
0.40	1 000	0.14	37	20.0	8
0.75	750	0.18	45	16.0	12
1.50	350	0.40	55	1306	12
2.20	250	0.55	75	10.0	20
3.70	150	0.90	90	10.0	20
5.50	110	1.30	110	8.0	27
8.50	75	1.80	132	8.0	27
11.0	60	2.50	160	5.0	33
15.0	50	4.00	200	4.0	40
18.5	40	4.00	220	3.5	45
22.0	30	5.00	280	2.7	64
30.0	24	8.00	315	2.7	64

由于制动电阻的容量不易准确掌握，如果容量偏小，则极易烧坏。所以，制动电阻箱内应附加散热器。

2. 制动单元的选择

一般情况下，只需根据变频器的容量进行配置即可。

8.3 变频器的安装与调试

变频器属于精密设备，安装和操作必须遵守操作规范，才能保证变频器长期、安全、可靠地运行。

8.3.1 变频器的安装

1. 变频器的安装环境

（1）环境温度

变频器运行环境 -10℃ ~ 40℃，避免阳光直射。由于变频器内部是大功率的电子元器件，极易受到工作温度的影响，为了保证工作安全、可靠，使用时环境温度，最好控制在40℃以下。如环境温度太高且温度变化大时，变频器的绝缘性会大大降低。

（2）环境湿度

变频器的安装环境相对湿度不应超过90%（无结露），要注意防止水或水蒸气直接进入变频器内部，必要时，在变频柜箱中增加干燥剂和加热器。

（3）振动和冲击

装有变频器的控制柜受到机械振动和冲击时，会引起电气接触不良。这时除了提高控制柜的机械强度、远离振动源和冲击源外，还应使用抗振橡皮垫固定控制柜和电磁开关之类易产生振动的元器件。设备运行一段时间后，应对其进行检查和维护。

（4）电气环境

为防止电磁干扰，控制线应有屏蔽措施，母线与动力线要保持不小于 100 mm 的距离，对变频器产生电磁干扰的装置，要与变频器隔离。

（5）其他条件

变频器应安装在不受阳光直射、无灰尘、无腐蚀性气体、无可燃气体；无油污、蒸汽滴水等环境中；安装场所的周围振动加速度应小于 0.6 g，可采用防振橡胶；变频器应用的海拔高度应低于 1000 m，海拔高度大于 1000 m 的场合，变频器要降额使用。

2. 安装方式及要求

（1）墙挂式安装

用螺栓垂直安装在坚固的物体上。正面是变频器文字键盘，不应上下颠倒或平放安装。周围要留有一定空间，上下 10 cm 以上，左右 5 cm 以上。因变频器在运行过程中会产生热量，必须保持冷风畅通，如图 8-3 所示。

（2）柜式安装

控制柜中安装是目前最好的安装方式，因为可以起到很好的屏蔽作用，同时也能防尘、防潮、防光照等。单台变频器应尽量采用柜外冷却方式（环境比较洁净，尘埃少时），如采用柜内冷却方式，变频柜顶端应安装抽风式冷却风扇，并尽量装在变频器的正上方（便于空气流通），如图 8-4 所示；多台变频器应尽量并列横向安装，且排风扇安装位置要正确，尽量不要竖向安装，因竖向安装会影响上部变频器的散热，如图 8-5 所示。不论用哪种方式，变频器都应垂直安装。

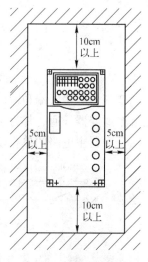

图 8-3　变频器周围的空间

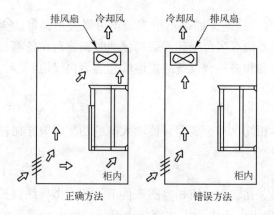

图 8-4　单台变频器安装

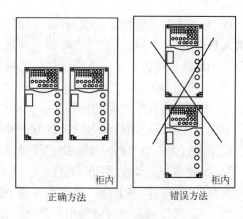

图 8-5　多台变频器安装

8.3.2　变频器的接线

变频器的接线分主电路的接线和控制电路的接线两部分。

1. 主电路接线

（1）基本接线

变频器主电路的三相基本接线如图 8-6 所示，图中 QS 是低压断路器，FU 是熔断器，KM 是接触器主触头。L_1、L_2、L_3 是变频器的输入端，接电源进线。U、V、W 是变频器的输出端,与电动机相连。

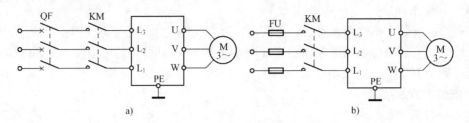

图 8-6 主电路的三相基本接线
a) 电源侧采用断路器 b) 电源侧采用熔断器

变频器的输入端和输出端绝对不允许接错的。如果将电源进线误接到 U、V、W 端. 无论哪个逆变器导通,都将引起两相间的短路而将逆变管迅速烧坏。

变频器主电路的单相基本接线如图 8-7 所示,图中 L_1 为相线,N 为零线。

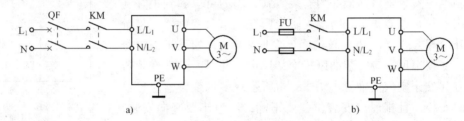

图 8-7 主电路的单相基本接线
a) 电源侧采用断路器 b) 电源侧采用熔断器

PE 为接地端,变频器在投入运行时必须可靠接地,如果不把变频器可靠接地,可能会导致人身伤害等潜在危险。当变频器和其他设备或有多台变频器一起接地时,每台设备都必须分别和地线相连,不允许将一台设备的接地端和另一台设备的接地端相连后再接地。

（2）主电路线径的选择

1）电源与变频器之间的导线。

和同容量普通电动机的电线选择方法基本相同,考虑到变频器输入侧的功率因数往往较低,应本着宜大不宜小的原则来决定线径。

2）变频器与电动机之间的导线。

变频器工作时频率下降,输出电压也下降。在输出电流相等的条件下,若输出导线较长（$L > 20\,\mathrm{m}$）,低压输出时线路的电压降 ΔU 在输出电压中所占比例将上升,加到电动机上的电压将减小,因此低速时可能会引起电动机发热。所以决定输出导线线径的主要因素是导线电压降 ΔU。

对 ΔU 的一般要求为

$$\Delta U \leqslant (2 \sim 3)\% U_X \tag{8-13}$$

ΔU 的计算公式为

$$\Delta U = \frac{\sqrt{3}\, I_N R_0 L}{1000} \tag{8-14}$$

上两式中 U_X——电动机的最高工作电压（V）;

156

I_N——电动机的额定电流（A）；

R_0——单位长度导线电阻（mΩ/m）；

L——导线长度（m）。

表8-4为常用电动机引出线的单位长度电阻值。

表8-4　电动机引出线的单位长度电阻值

标称截面积/mm²	1.0	1.5	2.5	4.0	6.0	10.0	16.0	25.0	35.0
R_0（mΩ/m）	18.8	11.9	6.92	4.40	2.92	1.73	1.10	0.69	0.49

【例8-1】 已知电动机参数为：$P_N = 30\,kW$，$U_N = 380\,V$，$I_N = 58.6\,A$，$f_N = 50\,Hz$，$n_N = 1460\,r/min$。变频器与电动机之间的距离为30 m，最高工作频率为40 Hz。要求变频器在工作频段范围内线路电压降不超过2%，请选择导线线径。

解：已知 $U_N = 380\,V$，$f_{max} = 40\,Hz$

则

$$U_X = U_N \times \frac{f_{max}}{f_N} = 380 \times \frac{40}{50} = 304\,V$$

$\Delta U \leqslant 304 \times 2\% = 6.08\,V$

代入式（8-14）有

$$\Delta U = \frac{\sqrt{3} \times 57.6 \times R_0 \times 30}{1000} \leqslant 6.08$$

解得：$R_0 \leqslant 2.03\,mΩ/m$。

查表8-4，应选截面积为10.0 mm²的导线。

（3）注意事项

在安装变频器时一定要严格遵守安全规程，接线过程中须注意以下事项：

1）在变频器与电源线连接或更换变频器的电源线之前应完成电源线的绝缘测试。

2）确信电动机与电源电压的匹配是正确的，不允许把变频器连接到电压更高的电源上。

3）连接同步电动机或并联连接几台电动机时变频器必须在其控制特性下运行。

4）电源电缆和电动机电缆与变频器相应的接线端子连接好以后，在接通电源前必须确信变频器的盖已盖好。

5）为了保证绝缘气隙和漏电距离，电源和电动机端子的连接导线有较大横断面，而且在变频器一侧的电缆端头应有带热装接线头的扁平一段。

6）变频器的设计允许它在具有较强电磁干扰的工业环境下运行，通常如果安装的质量良好就可以确保安全和无故障的运行。

2. 控制电路的接线

（1）模拟量控制线

模拟量控制线主要包括输入侧的给定信号线和反馈信号线、输出侧的频率信号线和电流信号线两类。

模拟信号的抗干扰能力较低，因此，必须使用屏蔽线。屏蔽层靠近变频器的一端，应接在控制电路的公共端（COM），但不要接到变频器的地端（PE）或大地，屏蔽层的另一端应该悬空。在布线时，还应该遵守以下原则：

1）尽量远离主电路 100 mm 以上。

2）控制电缆的布线应尽可能远离供电电源线，应使用单独的走线槽。在必须与电源线交叉时，应采取垂直交叉的方式。

（2）开关量控制线

控制中如起动、点动、多档转速控制等的控制线，都是开关量控制线。一般来说，模拟量控制线的接线原则也都适用于开关量控制线。由于开关量的抗干扰能力较强，故在距离不很远时，允许不使用屏蔽线，但同一信号的两根线必须互相绞在一起。因此，建议控制电路的连接线都应采用屏蔽电缆。

3. 安装布线

合理选择安装位置及布线是变频器安装的重要环节。电磁元器件的安装位置、各连接导线是否屏蔽、接地点是否正确等，都直接影响到变频器对外干扰的大小及自身工作情况。变频器与外围设备之间布线时的基本原则是：

1）逆变输出端子 U、V、W 连接交流电动机时，输出的是与正弦交流电等效的高频脉冲调制波。

2）当外围设备与变频器共用一供电系统时，要在输入端安装噪声滤波器，或将其他设备用隔离变压器或电源滤波器进行噪声隔离。

3）当外围设备与变频器装入同一控制柜中且布线又很接近变频器时，可采取以下方法抑制变频器干扰：

① 将易受变频器干扰的外围设备及信号线远离变频器安装。信号线使用屏蔽电缆线，屏蔽层接地。也可将信号电缆线套入金属管中，信号线穿越主电源线时确保正交。

② 在变频器的输入、输出侧安装无线电噪声滤波器或线性噪声滤波器（铁氧体共模扼流圈）。滤波器的安装位置要尽可能靠近电源线的入口处，并且滤波器的电源输入线在控制柜内要尽量短。

③ 变频器到电动机的电缆要采用 4 芯电缆并将电缆套入金属管，其中一根的两端分别接到电动机外壳和变频器的接地侧。

4）避免信号线与动力线平行布线或捆扎成束布线，易受影响的外围设备应尽量远离变频器安装，易受影响的信号线尽量远离变频器的输入输出电缆。

5）当操作台与控制柜不在一处或具有远方控制信号线时，要对导线进行屏蔽，并特别注意各连接环节，以避免干扰信号串入。

6）接地端子的接地线要粗而短，接点接触良好。必要时采用专用接地线。

8.3.3　变频器的调试

变频器在安装完成后要进行调试，将变频器接通电源前需要检查它的输入、输出端是否符合说明书要求，有无新增内容，认真阅读注意事项，检查接线是否正确和紧固。具体调试分以下几个步骤完成。

1. 变频器接通电源试运行（不接电动机）

接通电源后，按"运行"（RUN）键运行变频器到 50 Hz，用万用表测量变频器的输出（U、V、W）相电压应平衡（370～400 V）。按"停止"（STOP）键后，再接上电动机线。

2. 变频器带电动机空载运行

1）设置电动机的功率、极数，要综合考虑变频器的工作电流。

2）设定变频器的最大输出频率、基频、设置转矩特性。

3）将变频器设置为自带的键盘操作模式，按点动键、运行键、停止键，观察电动机是否反转，是否能正常地起动、停止。

4）熟悉变频器运行发生故障时的保护代码，观察热保护继电器的出厂值，观察过载保护的设定值，需要时可以修改。

3. 带载试运行

1）手动操作变频器面板的运行"停止"键，观察电动机运行停止过程及变频器的显示窗，看是否有异常现象。如果有异常现象，相应的改变预定参数后再运行。

2）如果起动或停止电动机过程中变频器出现过流保护动作，应重新设定加速、减速时间。电动机在加、减速时的加速度取决于加速转矩，而变频器在起、制动过程中的频率变化率是用户设定的。若电动机转动惯量或电动机负载变化，按预先设定的频率变化率升速或减速时，有可能出现加速转矩不够，从而造成电动机失速，即电动机转速与变频器输出频率不协调，从而造成过电流或过电压。因此，需要根据电动机转动惯量和负载合理设定加、减速时间，使变频器的频率变化率能与电动机转速变化率相协调。

3）如果变频器在限定的时间内仍然保护，应改变起动/停止的运行曲线，从直线改为 S 形、U 形线或反 S 形、反 U 形线。电动机负载惯性较大时，应该采用更长的起动、停止时间，并且根据其负载特性设置运行曲线类型。

4）如果变频器仍然存在运行故障，应尝试增加最大电流的保护值，但是不能取消保护，应留有至少 10% ~ 20% 的保护余量。

5）如果变频器运行故障还是发生，应更换更大一级功率的变频器。

6）如果变频器驱动的电动机在起动过程中达不到预设速度，可能有两种情况：

① 系统发生机电共振，可以从电动机运转的声音进行判断。采用设置频率跳跃值的方法，可以避开共振点。一般变频器能设定三级跳跃点。U/f 控制的变频器驱动异步电动机时，在某些频率段，电动机的电流、转速会发生振荡，严重时系统无法运行，甚至在加速过程中出现过电流保护使得电动机不能正常起动，在电动机轻载或转动惯量较小时更为严重。普通变频器均备有频率跨跳功能，用户可以根据系统出现振荡的频率点，在 U/f 曲线上设置跨跳点及跨跳宽度。当电动机加速时可以自动跳过这些频率段，保证系统能够正常运行。

② 电动机的转矩输出能力不够，不同品牌的变频器出厂参数设置不同，在相同的条件下，带载能力不同，也可能因变频器控制方法不同，造成电动机的带负载能力不同；或因系统的输出效率不同，造成带负载能力会有所差异。对于这种情况，可以增加转矩提升量的值。如果达不到，可用手动转矩提升功能，不要设定过大，电动机这时的温升会增加。如果仍然不行，应改用新的控制方法，比如日立变频器采用 U/f 比值恒定的方法，启动达不到要求时，改用无速度传感器空间矢量控制方法，它具有更大的转矩输出能力。对于风机和泵类负载，应减少降转矩的曲线值。

4. 变频器与上位机相连进行系统调试

在手动的基本设定完成后，如果系统中有上位机，将变频器的控制线直接与上位机控制线相连。要将变频器的操作模式改为端子控制。根据上位机系统的需要，调定变频器接收频率信号端子的量程 0 ~ 5 V 或 0 ~ 10 V，以及变频器对模拟频率信号采样的响应速度。如果需要另外的监视表头，应选择模拟输出的监视量，并调整变频器输出监视量端子的量程。

在调试时可能会遇到这种情况，如上位机给出信号后，变频器不执行。因为有的上位机只接受交流信号，不接受直流信号，而变频器的控制信号大多是直流信号，这时可以考虑外加继电器。

8.4 变频器的维护与检修

8.4.1 变频器的维护

尽管新一代通用变频器的可靠性已经很高，但是如果使用不当，仍有可能发生故障或出现运行状况不佳的情况，缩短设备的使用寿命。即使是最新一代的变频器，由于长期使用，以及温度、湿度、振动、尘土等环境的影响，其性能也会有一些变化；如果使用合理、维护得当，则能延长变频器的使用寿命，并减少因突发故障造成的损失。因此，在存贮、使用过程中必须对变频器进行日常检查，并进行定期保养维护。

日常检查和定期维护的主要目的是尽早发现异常现象，清除尘埃，紧固检查，排除事故隐患等。在通用变频器运行过程中，可以从设备外部目视检查运行状况有无异常，通过键盘面板转换键查阅变频器的运行参数，如输出电压、输出电流、输出转矩、电动机转速等，掌握变频器日常运行值的范围，以便及时发现变频器及电动机问题。

1. 日常检查

日常检查包括不停止通用变频器运行或不拆卸其盖板进行通电和起动试验，通过目测通用变频器的运行状况，确认有无异常情况。检查的主要内容有：

① 键盘面板显示是否正常，有无缺少字符。仪表指示是否正确，是否有振动、振荡等现象。

② 冷却风扇部分是否运转正常，是否有异常声音等。

③ 变频器及引出电缆是否有过热、变色、变形、异味、噪声、振动等异常情况。

④ 变频器周围环境是否符合标准规范，温度与湿度是否正常。

⑤ 变频器的散热器温度是否正常，电动机是否有过热、异味、噪声、振动等异常情况。

⑥ 变频器控制系统是否有集聚尘埃的情况。

⑦ 变频器控制系统的各连接线及外围电器元件是否有松动等异常现象。

⑧ 检查变频器的进线电源是否正常，电源开关是否有电火花、缺相，引线压接螺栓是否松动，电压是否正常等。

2. 定期维护

变频器定期保养检查时，一定要切断电源，待监视器无显示及主电路电源指示灯熄灭后，才能进行检查。检查内容见表8-5。

表8-5 变频器定期保养内容

检查项目	检查内容	异常对策
主回路端子、控制回路端子螺钉	螺钉是否松动	用螺钉旋具拧紧

检 查 项 目	检 查 内 容	异 常 对 策
散热片	是否有灰尘	用 0.4～0.6 MPa 压力的干燥压缩空气吹掉
印制电路板	是否有灰尘	用 0.4～0.6 MPa 压力的干燥压缩空气吹掉
冷却风扇	是否有异常声音、异常振动	更换冷却风扇
功率元件	是否有灰尘	用 0.4～0.6 MPa 压力的干燥压缩空气吹掉
铝电解电容器	是否变色、异味、鼓泡	更换铝电解电容器

运行期间应定期（例如，每 3 个月或 1 年）停机检查以下项目：

① 功率元器件、印制电路板、散热片等表面有无粉尘、油雾吸附，有无腐蚀及锈蚀现象。粉尘吸附时可用压缩空气吹扫，散热片油雾吸附可用清洗剂清洗。出现腐蚀和锈蚀现象时要采取防潮防蚀措施，严重时要更换受蚀部件。

② 检查滤波电容器和印制电路板上的电解电容器有无鼓肚变形现象，有条件时可测定实际电容值。出现鼓肚变形现象或者实际电容量低于标称值的 85% 时，要更换电容器。更换的电容器要求电容量、耐压等级以及外形和连接尺寸与原部件一致。

③ 散热风机和滤波电容器属于变频器的损耗件，有定期强制更换的要求。散热风机的更换标准通常是正常运行 3 年，或者风机累计运行 15 000 h。若能够保证每班检查风机运行状况，也可以在检查时发现异常再更换。当变频器使用的是标准规格的散热风机时，只要风机功率、尺寸和额定电压与原部件一致就可以使用。当变频器使用的是专用散热风机时，请向变频器厂家订购备件。滤波电容器的更换标准通常是正常运行 5 年，或者变频器累计通电时间 30 000 h。有条件时，也可以在检测到实际电容量低于标称值的 85% 时更换。

一般变频器的定期检查应一年进行一次，绝缘电阻检查可以三年进行一次。由于变频器是由多种部件组装而成的，某些部件经长期使用后，性能降低、劣化，这是故障发生的主要原因。为了长期安全生产，这些部件必须及时更换。变频器定期检查的目的，主要是根据键盘面板上显示的维护信息估算零部件的使用寿命，及时更换元器件。

8.4.2 变频器的故障检修

1. 常见故障

变频器的自诊断功能、报警及保护功能非常齐全，熟悉这些功能对于正确使用变频器非常重要。变频器故障时会有相应的指示，在理解其常见故障及分析其原因后，才可以进行正确的故障处理。变频器的常见的故障有：过电流、过电压、欠电压、过热、过载等。

（1）过电流

过电流故障是变频器报警最为频繁的现象，可能出现在工作过程中的升速或降速过程中。出现这种现象的主要原因有：模块损坏、驱动电路损坏、电流检测电路损坏、设定值不当等。

若拖动系统在工作中出现过电流，主要原因有：电动机遇到冲击负载，或传动机构出现"卡住"现象，引起电动机电流的突然增加；变频器的输出侧出现短路，如输出端到电动机之间的连接线发生短路，或电动机内部发生短路；变频器自身工作不正常，如逆变桥中的同一桥臂的两个逆变器件由于过热、本身老化等原因出现异常。

161

由于负载的经常变动，在工作过程中、升速或降速过程中，短时间的过电流总是难免的。对变频器的过电流处理原则是：尽量不跳闸，只有当冲击电流的峰值太大，或防止跳闸措施（防止失速功能）不能解决问题时才迅速跳闸。防止失速功能在电流超过限定值时，自动地适当降低其工作频率，在电流降到限定值以下时，再逐渐恢复工作频率。

（2）过电压

引起过电压跳闸的主要原因：电源电压过高；降速时间设定太短；降速过程中再生制动的放电单元工作不理想，包括来不及放电（应增加外接制动电阻和制动单元）和放电支路发生故障，实际并不放电；在 SPWM 调制方式中，电路是以一系列脉冲的方式进行工作的，由于电路中存在着绕组和线路分布电容，所以在每一个脉冲的上升和下降过程中，可能产生峰值很大的脉冲电压，这个脉冲电压叠加到直流电压上去，形成具有破坏作用的脉冲高压。

在升速过程中出现过电压可以采取暂缓升速的方法，来防止过电压跳闸。而在降速过程中出现过电压，可以采取暂缓降速的方法来防止过电压跳闸。

（3）欠电压

引起欠电压跳闸的原因：电源电压过低，电源缺相；整流桥故障，如果整流桥的部分整流器件损坏，则整流后的电压下降；在滤波电容器充电完毕后，由于 KM 或 SCR 损坏，预充电电阻 R_L 未"切出"电路。如图 8-8 所示，由于 R_L 长时间接入电路，负载电流将得不到及时的补充，导致直流电压下降。

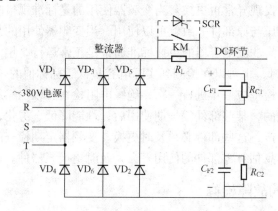

图 8-8　主电路的整流与 DC 环节

对于电源方面引起的欠电压，变频器设定保护动作电压。但通常动作电压一般都较低，这是由于新系列的变频器都有各种补偿功能，使电动机能够继续运行。对于整流器件或 SCR 损坏，应该及时检查予以更换。

（4）过热

过热也是一种比较常见的故障，因此要设置过热保护。过热保护主要有：风扇运转保护；逆变模块散热板的过热保护；制动电阻的过热保护。变频器的内装风扇是箱体散热的主要手段，它将保证逆变器和其他控制电路的正常工作。在变频器内，逆变模块是产生热量的主要部件，也是最重要的部件。

过热产生的主要原因有周围温度过高、风机堵转、温度传感器性能不良、电动机过热等。在夏季如果变频器操作室的制冷、通风效果不良，环境温度升高，则会经常发生过热保护跳闸。

发生过热保护跳闸时，应检查变频器内部的风扇是否损坏，操作室温度是否偏高，制动电阻是否长时间运行而过热，应采取措施进行强制冷却，保证变频器安全运行。

（5）输出不平衡

输出不平衡一般表现为电动机抖动，转速不稳，产生的主要原因有电动机的绕组或变频器到电动机之间的传输线发生单相接地、模块损坏、驱动电路损坏、电抗器损坏等。如一台 11 kW 变频器，输出电压相差 100 V 左右。打开机器初步在线检查，没有发现逆变模块有问题，测量六路驱动电路也没发现故障，但将其模块拆下测量，发现大功率晶体管不能正常导通和关闭，该模块已经损坏。

（6）过载

过载也是变频器比较频繁的故障之一。在常规的电动机控制电路中，是用具有反时限的热继电器来进行过载保护的。在变频器内，由于能够方便而准确地检测电流，并且可以通过精确的计算实现反时限的保护特性，大大提高了保护的可靠性和精确性。由于它能实现与热继电器类似的保护功能，故称为电子热保护器或电子热继电器。电子热保护器通过精确运算，其反时限特性与电动机的发热和冷却特性相吻合，从而能准确地计算保护的动作时间。因此，在一台变频器控制一台电动机的情况下，变频调速系统中可以不用接入热继电器。

一般来讲电动机由于过载能力较强，而变频器本身由于过载能力较差，只要变频器参数表的电动机参数设置得当，一般不会出现电动机过载。因此在出现过载报警时，如果变频器的容量没有比电动机的容量加大一档或两档，应首先分析到底是电动机过载还是变频器自身过载，可以通过检测变频器输出电压和输出电流来确定。

（7）开关电源损坏

这是变频器最常见的故障，通常是由于开关电源的负载发生短路造成的。

2. 变频器故障检修实例

MM440 变频器非正常运行时，会发生故障或者报警。当发生故障时，变频器停止运行，面板显示以 F 字母开头相应故障代码，需要故障复位才能重新运行。当发生报警时，变频器若继续运行，面板显示以 A 字母开头相应的报警代码，报警消除后代码自然消除。MM440 系列变频器故障代码及解决对策见附录 2。下面介绍几个西门子 6SE48 系列变频器的故障检修实例。

故障实例 1 电源类故障。

故障现象： 操作面板显示屏显示"power supply failure"故障信息。

故障分析与处理： 显示"power supply failure"故障信息一般是变频器的直流控制电压的供电电源出现故障，可能由以下几种原因形成：

1）电源板故障。即电源和信号探测板有问题，这又分为两种情况。一种情况是直流电压超过限制值，正常所供给的直流电压有一定的上下限，P24V 不能低于 +18 V，P15V 即直流电压为 +15 V，N15V 即直流电压为 −15 V，它们的绝对值不能低于 13 V。否则电子线路板会因无合适的直流电压而不能正常工作。这块电源板上有整流滤波等大功率环节，因此使用时间长了以后，容易产生过热而损坏。另一种情况是开关电源的故障，这都需要对线路板进行维修。

2）电容器容量发生变化。变频器经过一段时间的运行后，3300 μF 的电容有一定程度的老化，电容里的液体泄漏，导致变频器的储能下降。一般运行 5 ~ 8 年后才开始有此类问题，这时需要对电容进行检测，发现一定数量的电容容量降低后，必须进行更换。

故障实例 2 过热故障。

故障现象：操作面板显示屏显示"over tem – perature"故障信息。

故障分析与处理：显示该故障的原因是变频器的温度太高。变频器的发热主要是逆变器件引起的，逆变器件也是变频器中最重要而又最脆弱的部件，所以用来测温的温度传感器（NTC）也装在逆变器件的上半部分。当温度超过 60℃ 时，变频器通过一个信号继电器来报警；当达到 70℃ 时，变频器自动停机，进行自我保护。过热一般是以下五种情况引起的：

1）环境温度高。有的车间环境温度高，离控制室距离太远，为节省电缆和易于现场操作，只好将变频器安装在车间现场。这时可将变频器的入风口加冷气管道，来帮助散热。

2）风扇故障。变频器的排风风机是一个 24 V 的直流电动机驱动的，若出现风机轴承损坏或线圈烧坏，风机不转，即可引起变频器过热。

3）散热片太脏。在变频器的逆变器的背后装有铝片散热装置，长时间运行后，由于静电的作用，外面会覆盖灰尘，严重影响散热器的效果。所以要定时吹扫和清理。

4）负载过载。变频器所带负载长时间过载，引起发热。这时要检查电动机、传动机构和所带负载。

5）温度传感器故障。NTC 即一个负的温度控制器，它的阻值随着温度升高而降低。这种情况比较少见。

故障实例 3 接地故障。

故障现象：操作面板显示屏显示"ground fault"故障信息。

故障分析与处理：显示该故障的主要原因是该变频器的输出端接地，或者因为电缆太长，对地产生一个太大的电容而引起。接地故障有以下几种情况：

1）电动机接地。电动机在运转过程中，由于轴承或线圈发热的原因，使电动机线圈的某相接地或绝缘性能变差，造成接地故障。这时需对电动机进行检修。

2）所接电缆接地。连接电动机和变频器的电缆破损或过热引起绝缘性能变差，也容易引起接地故障。

3）变频器内部故障。在变频器长时间运行后，内部线路板绝缘性能变差，也会引起对地绝缘电阻偏小，造成接地故障。这时需对变频器线路板作绝缘处理，断电后喷绝缘漆，可消除此故障。

8.5 本章小结

本章主要介绍了变频器及其外围设备的选用方法、变频器的安装、调试以及变频器日常维护和故障检修等知识。

变频器类型的选择主要根据负载的要求来进行。变频器规格的选择主要考虑标称功率、电动机额定电流、电动机实际运行电流、转矩过载能力等。

变频器的外围电器元器件主要有断路器、接触器、输入交流电抗器、无线电噪声滤波器、制动电阻及制动单元、直流电抗器、输出交流电抗器等。

变频器属于精密设备，安装和操作必须遵守操作规范，储存和安装必须考虑场所的温度、湿度、灰尘和振动等情况。变频器的安装有墙挂式、柜式安装两种方式，可根据使用要求进行选择。变频器的接线分主电路的接线和控制电路的接线两部分，接线时应采取适当的抗干扰措施。

变频器在安装完成投入使用前要进行调试，在通电前要进行检查，调试时应注意仪器仪表的正确使用。变频器在存贮、使用过程中必须进行日常检查，并进行定期保养维护。日常检查和定期维护的主要目的是尽早发现异常现象，清除尘埃，紧固机件，排除事故隐患等。

8.6   测试题

一、选择题

1. 型号为 2UC13 – 7AA1 的 MM440 变频器适配的电动机容量为（　　）kW。

    A. 0. 1   B. 1   C. 10   D. 100

2. 对于风机类的负载宜采用（　　）的转速上升方式。

    A. 直线形   B. S 形   C. 正半 S 形   D. 反半 S 形

3. 下列（　　）负载的负载惯性很大，起动时可能会振荡，一般选用容量稍大的变频器。

    A. 风机   B. 恒转矩   C. 恒功率   D. 泵类

4. 变频器安装场所周围振动加速度应小于（　　）m/s^2。

    A. 1   B. 6. 8   C. 9. 8   D. 10

5. 变频器种类很多，其中按滤波方式可分为电压型和（　　）型。

    A. 电流   B. 电阻   C. 电感   D. 电容

6. 在 U/f 控制方式下，当输出频率比较低时，会出现输出转矩不足的情况，要求变频器具有（　　）功能。

    A. 频率偏置   B. 转差补偿   C. 转矩补偿   D. 段速控制

7. 目前，在中小型变频器中普遍采用的电力电子器件是（　　）。

    A. SCR   B. GTO   C. MOSFET   D. IGBT

8. 变频器的调压调频过程是通过控制（　　）进行的。

    A. 载波   B. 调制波   C. 输入电压   D. 输入电流

9. 卷扬机负载转矩属于（　　）。

    A. 恒转矩负载   B. 恒功率负载

    C. 二次方律负载   D. 以上都不是

10. 风机、泵类负载转矩属于（　　）。

    A. 恒转矩负载   B. 恒功率负载

    C. 二次方律负载   D. 以上都不是

11. 空气压缩机一般选（　　）变频器。

    A. 通用型   B. 专用型   C. 电阻型   D. 以上都不是

二、填空题

1. 通用变频器的选择包括_____选择和_____选择两个方面，其总的原则是首先保证满足_____要求，再尽可能_____。

2. 常见的负载类型主要有_____、_____和_____三类。

3. 变频器的常用外围设备主要有_____、_____、_____、_____和_____等。

4. 变频器属于精密设备，安装和操作必须遵守操作规范，变频器的安装环境主要考虑因素有：_____、_____、_____和_____等。

5. 变频器的安装方式主要有_____和_____，目前最好的安装方式是_____。

6. 变频器的接线分_____和_____两部分，其中控制电路的接线又分_____和_____。

7. 变频器的维护工作主要包括_____和_____两方面内容。

8. 变频器安装要求其正上方和正下方要避免可能阻挡进风、出风的大部件，四周距控制柜顶部、底部、隔板或其他部件的距离不应小于_____。

9. 变频器的常见的故障有_____、_____、_____、_____和_____等。

10. 变频器交流电源输入端子为 L1、L2、L3，根据应用电压不同，可分为 220 V 单相和 380 V 三相两种规格，当三相时，接入 L1、L2、L3 的_____端上，当单相时，接入 L1、L2、L3 的_____端上。

11. 输入电源必须接到变频器的输入端子_____上，电动机必须接到变频器的输出端子_____上。

12. 直流电抗器的主要作用是改善变频器的_____，防止电源对变频器的影响，保护变频器及抑制_____。

13. 变频器的主电路中，断路器的功能主要有隔离作用和_____作用。

14. 变频器的主电路中，接触器的功能是在变频器出现故障时_____，并防止掉电及故障后的再起动。

15. 变频器的主电路中，输入交流电抗器可抑制变频器输入电流的_____，明显改善功率因数。

16. 多台变频器上下安装在同一控制箱里时，其间应设置_____。

三、判断题

1. 电动机名牌上的额定值 P_N 是指电动机在额定电压、额定频率下运行时，电动机轴上能够长期、安全、稳定的输出最大机械功率。（　　）

2. 电动机铭牌上的额定值 I_N 是指电动机在额定情况下运行时，定子绕组中能够长期、安全、连续通过的最大线电流。（　　）

3. 电动机铭牌上的额定值 U_N 是指电动机在额定情况下运行时，外加于定子绕组上的相电压。（　　）

4. 对于连续工作的负载来说，由于电动机在运行期间能够达到稳定温升，因此不允许电动机过载。（　　）

5. 恒功率负载指负载转矩的大小与转速成正比，而其功率基本维持不变的负载。（　　）

6. 二次方律负载是指转矩与速度的二次方成正比例变化的负载。（　　）

7. 在变频器选择时可以笼统地认为放大一级功率进行选择。（　　）

8. 由于变频器的保护功能较齐全，且断路器也有过电流保护功能，因此进线侧可不接

熔断器。（　　）

9. 变频器的主电路中，输出交流电抗器可抑制变频器的辐射干扰和感应干扰，还可抑制电动机的振动。（　　）

10. 变频器的主电路中的输出交流电抗器是选购件，当变频器干扰严重或电动机振动时，可考虑接入。（　　）

11. 变频器面板显示，在变频器处于停机状态时，如果有故障，LED 显示窗显示相应的故障代码。（　　）

12. 变频器处于运行状态时，如果有故障，变频器立即停机。（　　）

13. 变频器与电动机之间的连接线越长越好。（　　）

14. 变频器控制回路易受外界干扰，必须对控制回路采取适当的屏蔽措施。（　　）

15. 变频器主、控电缆无需分离铺设，只要保证电器设备相隔距离即可。（　　）

16. 变频器运行时，不会对电网电压造成影响。（　　）

17. 变频器容量较大时，可为其单独配置供电变压器，以防止电网对变频器的干扰。（　　）

18. 风机变频调速参数设置，下限频率一般为 0 Hz。（　　）

19. 风机变频调速参数设置，容量越大，加减速时间越长。（　　）

四、简答题

1. 如何根据电动机电流选择变频器容量？

2. 在进行变频器容量选择时有哪些注意事项？

3. 变频器的安装场所须满足什么条件？

4. 多台变频器共用一台控制柜，安装时应注意什么问题？

5. 简要说明变频器系统调试的方法和主要步骤？

6. 变频器的常见故障有哪些？如何处理？

第9章　变频调速系统工程应用

【导学】

📖 你知道当前变频器主要的应用方向有哪些？

1）变频器在节能方面的应用。

风机、泵类负载采用变频调速后，节电率可达到 20% ~ 60%，这是因为风机、泵类负载的实际消耗功率基本与转速的 3 次方成比例。以节能为目的的变频器的应用，发展非常迅速。据有关方面统计，我国已经进行变频改造的风机、泵类负载的容量占总容量的 5% 以上，还有很大的改造空间。由于风机、泵类负载在采用变频调速后可以节省大量的电能，所需的投资在较短的时间内就可以收回，因此在这一领域的应用最广泛。目前，应用较成功的有恒压供水、各类风机、中央空调和液压泵的变频调速。

2）变频器在精密自控系统中的应用。

由于控制技术的发展，变频器除了具有基本的调速控制功能外，更具有了多种算术运算和智能控制功能，输出精度高达 0.1% ~ 0.01%。它还设置有完善的检测、保护环节，因此在自动化系统中得到了广泛的应用。例如在印刷、电梯、纺织、机床、生产流水线等行业进行速度控制。

3）变频器在提高工艺水平和产品质量方面的应用。

变频器还广泛地应用于传送、起重、挤压和机床等各种机械设备的控制领域，它可以提高工艺水平和产品质量，减少设备冲击和噪声，延长设备使用寿命。采用变频控制后，可以使机械设备简化，操作和控制更具人性化，有的甚至可以改变原有的工艺规范，从而提高整个设备的功能。

【学习目标】

1）了解变频器主要的应用方向。
2）掌握变频器在恒压供水系统中的应用。
3）掌握变频器在拉丝机机构中的应用。
4）掌握变频器在卷扬机系统中的应用。
5）基于 PROFIBUS – DP 现场总线的变频技术在切割机中的应用。

9.1　变频器在恒压供水系统中的应用

随着人们对供水质量和供水系统可靠性的要求不断提高，再加上目前能源紧缺，利用先进的自动化技术、控制技术以及通信技术，设计高性能、高节能、能适应不同领域的恒压供水系统已成为必然的趋势。

9.1.1 系统的构成

整个系统由三台水泵，一台变频调速器，一台 PLC 和一个压力传感器及若干辅助部件构成。三台水泵中每台水泵的出水管均装有手动阀，以供维修和调节水量之用，三台水泵协调工作以满足供水需要。变频供水系统中检测管路压力的压力传感器，一般采用电阻式传感器（反馈 $0 \sim 5\,V$ 电压信号）或压力变送器（反馈 $4 \sim 20\,mA$ 电流）；变频器是供水系统的核心，通过改变电动机的频率实现电动机的无极调速、无波动稳压的效果等功能。系统原理框图如图 9-1 所示。

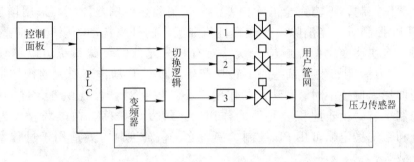

图 9-1　系统原理框图

从图 9-1 可以知道，变频恒压供水系统主要由变频控制柜、压力传感器、水泵等组成。变频控制柜由断路器、变频器、接触器、中间继电器、PLC 等组成。

9.1.2 工作原理

接通电源，供水系统投入运行。将手动/自动开关拨到"自动"档，系统进入全自动运行状态，PLC 程序首先接通交流接触器，并起动变频器。根据压力设定值（根据管网压力要求设定）与压力实际值（来自于压力传感器）的偏差进行 PID 调节，并输出频率给定信号给变频器。变频器根据频率给定信号及预先设定好的加速时间控制水泵的转速以保证水压保持在压力设定值的上、下限范围之内，实现恒压控制。同时变频器在运行频率到达上限时，会将频率到达信号送给 PLC，PLC 则根据管网压力的上、下限信号和变频器的运行频率是否到达上限的信号，由程序判断是否要起动第 2 台泵（或第 3 台泵）。当变频器运行频率达到频率上限值，并保持一段时间，则 PLC 会将当前变频运行泵切换为工频运行，并迅速起动下 1 台泵变频运行。此时 PID 会继续通过由远传压力表送来的检测信号进行分析、计算、判断，进一步控制变频器的运行频率，使管压保持在压力设定值的上、下限偏差范围之内。

增泵工作过程：假定增泵顺序为 1、2、3 泵。开始时，1 泵电动机在 PLC 控制下先投入调速运行，其运行速度由变频器调节。当供水压力小于压力预置值时变频器输出频率升高，水泵转速上升，反之下降。当变频器的输出频率达到上限，并稳定运行后，如果供水压力仍没达到预置值，则需进入增泵过程。在 PLC 的逻辑控制下将 1 泵电动机与变频器连接的电磁开关断开，1 泵电动机切换到工频运行，同时变频器与 2 泵电动机连接，控制 2 泵投入调速运行。如果还没到达设定值，则继续按照以上步骤将 2 泵切换到工频运行，控制 3 泵投入变频运行。

减泵工作过程：假定减泵顺序依次为 3、2、1 泵。当供水压力大于预置值时，变频器输出频率降低，水泵速度下降，当变频器的输出频率达到下限，并稳定运行一段时间后，把变频器控制的水泵停机，如果供水压力仍大于预置值，则将下一台水泵由工频运行切换到变频器调速运行，并继续减泵工作过程。如果在晚间用水不多时，当最后一台正在运行的主泵处于低速运行时，如果供水压力仍大于设定值，则停机并起动辅泵投入调速运行，从而达到节能效果。

9.1.3 PID 调节器

仅用 P 动作控制，不能完全消除偏差。为了消除残留偏差，一般采用增加 I 动作的 PI 控制。用 PI 控制时，能消除由改变目标值和经常的外来扰动等引起的偏差。但是，I 动作过强时，对快速变化偏差响应迟缓。对有积分元件的负载系统可以单独使用 P 动作控制。对于 PD 控制，发生偏差时，很快产生比单独 D 动作还要大的操作量，以此来抑制偏差的增加。偏差小时，P 动作的作用减小。控制对象含有积分元件的负载场合，仅 P 动作控制，有时由于此积分元件的作用，系统发生振荡。在该场合，为使 P 动作的振荡衰减和系统稳定，可用 PD 控制。换言之，该种控制方式适用于过程本身没有制动作用的负载。

利用 I 动作消除偏差作用和用 D 动作抑制振荡作用，如再结合 P 动作就构成了 PID 控制，如图 9-2 所示。采用 PID 控制较其他组合控制效果要好，基本上能获得无偏差、精度高和系统稳定的控制过程。这种控制方式用于从产生偏差到出现响应需要一定时间的负载系统，即实时性要求不高，工业上的过程控制系统一般都是此类系统，本系统也比较适合 PID 调节，效果比较好。

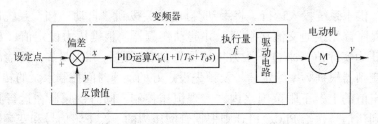

图 9-2　PID 控制框图

通过对被控制对象的传感器等检测控制量（反馈量），将其与目标值（温度、流量、压力等设定值）进行比较。若有偏差，则通过此功能的控制动作使偏差为零。也就是使反馈量与目标值相一致的一种通用控制方式。它比较适用于流量控制、压力控制、温度控制等过程量的控制。在恒压供水中常见的 PID 控制器的控制形式主要有两种：

1）硬件型：即通用 PID 控制器，在使用时只需要进行线路的连接和 P、I、D 参数及目标值的设定。

2）软件型：使用离散形式的 PID 控制算法在可编程序控制器（或单片机）上进行 PID 控制。

本例使用硬件型控制形式。

根据设计的要求，本系统的 PID 调节控制器内置于变频器中，接线图如图 9-3 所示。

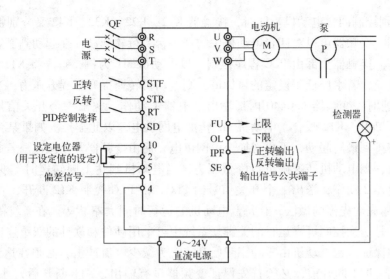

图 9-3 PID 控制接线图

9.1.4 压力传感器的接线图

压力传感器使用 CY – YZ – 1001 型绝对压力传感器，接线图如图 9-4 所示。传感器由敏感芯体和信号调整电路组成，当压力作用于传感器时，敏感芯体内硅片上的惠斯登电桥的输出电压发生变化，信号调整电路将输出的电压信号作放大处理，同时进行温度补偿、非线性补偿，使传感器的电性能满足技术指标的要求。该传感器的量程为 0 ~ 2.5 MPa，工作温度为 5 ~ 60℃，供电电源为 DC（210 ± 3）V。

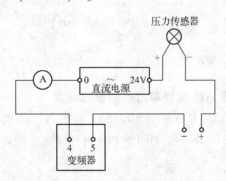

图 9-4 压力传感器的接线图

9.1.5 应用实例

1. 恒压供水系统组成

MM440 是通用变频器，它内部没有逻辑控制能力，必须增加具有逻辑切换功能的控制器，才能实现多泵的切换，切换控制一般由 PLC 控制实现。而增加（投入）或减少（撤出）水泵的信号则由变频器数字（继电器）输出提供，MM440 有三个数字（继电器）输出。

图 9-5 所示的系统为一拖四的异步切换主电路。变频器 MM440 通过接触器 K11、K21、

K31、K41 分别控制四台电动机。同时，接触器 K12、K22、K32、K42 又分别将四台电动机连接至主电网。变频器可以对四台电动机中的任一台实行软起动，在起动到额定转速后将其切换到主电源。接触器全部由 PLC 程序控制。以电动机 M1 为例，首先将 K11 闭合，M1 由变频器控制调速，若水压低于设定的目标值，则电动机转速提升以提升压力；当电动机到达 50 Hz 同步转速时，变频器 MM440 内部输出继电器 1 动作，送出一个开关信号给 PLC，由 PLC 控制 K11 断开，K12 吸合，电动机 M1 转由电网供电，以此类推。如果某台电动机需要调速，则可安排到最后起动，不再切换至电网供电，而由变频器驱动调速。若此时水压高于设定的目标值，则电动机转速降低以降低压力；当电动机到达下限转速时，变频器 MM440 内部输出继电器 2 动作，送出一个开关信号给 PLC，由 PLC 控制 K12 断开，直接停止电动机 M1。可采用先起先停的做法，让每台电动机的运行时间大略相等。在系统的切换中，对变频器的保护是切换控制可靠运行的关键。系统中可采用硬件和软件的双重连锁保护。起动过程中，必须保证每台电动机由零功率开始升速。为减少电流冲击，必须在达到 50 Hz 时才可切换至电网。K11 断开前，必须首先保证变频器没有输出，K11 断开后，才能闭合 K12，K11 和 K12 不可同时闭合，PLC 控制程序必须有软件联锁。

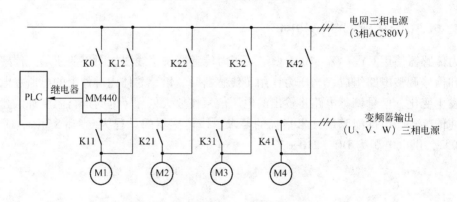

图 9-5　变频器一拖控四异步切换系统

2. MM440 PID 内部给定 AI1 反馈单台控制参数设置

系统要求 4~20 mA 对应 0~0.5 MPa（0~5 kg 的压力）作压力反馈，给定为内部给：5 × 0. 75 = 3. 75（kg）（约 0. 375 MPa），MOP-PID 内部设定，参数设定见表 9-1。

表 9-1　控制参数设置

一. 复位为出厂时变频器的默认设置值			
名称	代码	参数	备注
开始快速调试	P0010	30	工厂的默认设置值
	P0970	1	
二. 快速调试			
名称	代码	参数	备注
用户访问级	P0003	3	专家级
开始快速调试	P0010	1	快速调试
选择工作地区	P0100	0	功率单位为 kW；f 的默认值为 50 Hz

二．快速调试

名称	代码	参数	备注
额定电动机电压	P0304		单位为 V，根据电动机铭牌输入
电动机的额定电流	P0305		单位为 A，根据电动机铭牌输入
电动机的额定功率	P0307		单位为 kW，根据电动机铭牌输入
电动机的额定频率	P0310		单位为 Hz，根据电动机铭牌输入
电动机的额定速度	P0311		单位为 r/min，根据电动机铭牌输入
选择命令源	P0700	2	端子控制
选择频率设定值	P1000	2	模拟设定值
电动机最小频率	P1080	20	低限频率
电动机最大频率	P1082	50	上限频率
控制方式	P1300	2	抛物线 U/f 控制
结束快速调试	P3900	3	结束快速调试。

三．命令和数字 I/O 设置

名称	代码	参数	备注
命令和数字 I/O ［P0003 = 3，P0004 = 7］			
数字输入 1 的功能	P0701	1	ON/OFF1（接通正转/停车命令1）
数字输出 1 的功能	P0731.0		
数字输出 2 的功能	P0732.0		
数字输出 3 的功能	P0733.0		

四．模拟量设置（变频器模拟量默认为 0～10 V，若系统反馈为 4～20 mA，将面板 DIP 拨到 ON 表示 4～20 mA）

名称	代码	参数	备注
模拟量 I/O ［P0003 = 3，P0004 = 8］			
P0756［0］	P0756［0］	0	AIN1 设置为 0～10 V
P0756［1］	P0756［1］	2	AIN2 设置为 4～20 mA 用于压力反馈

五．变频器参数 ［P0003 = 3，P0004 = 12，P0100 = 0］

名称	代码	参数	备注
P0005	P0005.0	2262	显示实际的 PID 给定值
	P0005.1	2266	显示实际的 PID 反馈值

六．PID 控制参数

名称	代码	参数	备注
［P0003 = 3，P0004 = 22］			
允许 PID 投入	P2200	01	PID 使能
PID 设定值信号源	P2253		PID 设定值信号源为 MOP – PIM 内部给定
MOP – PIM 内部给定	P2240	50%	50% ×6 = 3 kg
内部给定是否保存	P2231	1	1 保存内部给定
PID 设定值滤波时间	P2261	1s	PID 设定值滤波时间
PID 反馈值信号源	P2264	755.1	PID 反馈值信号源为：模拟量输入2
PID 反馈值滤波时间	P2265	0.5s	PID 反馈值滤波时间
PID 比例增益系数	P2280	3	P 值增益

六．PID 控制参数

[P0003＝3，P0004＝22]

名称	代码	参数	备注
PID 积分时间	P2285	14	I 值微分
PID 加速时间	P2257	15s	PID 加速时间
PID 减速时间	P2258	15s	PID 减速时间
PID 输出上限	P2291	98	PID 输出上限
PID 输出下限	P2292	10	PID 输出下限
节能设定值	P2390	50%	节能设定值 50×50%＝25 Hz
节能定时器	P2391	60s	60s 以后节能起用
节能再起动设定值	P2392	55%	节能再起动设定值 50Hz×55%＝27.5 Hz

9.1.6　恒压供水系统的调试与保养

变频恒压供水设备是根据工业生产、生活、农业节水灌溉工程等用水的规律研制开发的高新技术产品。它集变频调速技术、PLC 技术、PID 控制技术，压力传感技术等为一体，可组成完整的闭环自动控制系统。该设备通过安装在供水管网上的高灵敏度压力传感器来检测供水管网在用水量变化时的压力变化，不断地向 PLC 传输变化的信号，经智能判断运算并与设定的压力比较后，向控制器发出改变频率的指令，控制器通过改变频率来改变水泵电动机的转速和启用台数，自动调节峰谷用水量，保证供水变频无塔供水管网压力恒定，以满足用户用水的需要。

1. 变频恒压供水设备安装与调试

1）设备就位后用水平仪找平，其纵横水平度应小于 0.1%。

2）设备安装找平后，用膨胀水泥对基础进行二次灌浆，保养 24 h 后再进行配管。

3）电动机接线后应确认旋转方向，保证与标准箭头一致。

2. 变频恒压供水设备使用与操作

1）设备使用前应盘动水泵转子，应无摩擦，卡滞现象。

2）用 500 V 低压摇表检测电动机绝缘，应为 0.5 MΩ 以上。

3）控制仪表及线路无损坏。

4）全开水泵进口阀，关闭出水口阀，逐一打开泵的排气阀、待液体充满泵腔后关闭气阀。

5）将转换开关置于手动位置，空载点动水泵，其运转方向应与标准箭头一致。

6）手动逐台起停水泵，检查水泵运转无异常现象。

3. 变频恒压供水设备维护与保养

1）设备在投入运行前应对系统进行清理，吹扫，以免杂物进入泵体造成设备损坏。

2）水泵不应在出口阀门全闭的情况下长期运转，也不应该在性能曲线的驼峰处运行，更不能空运转，当轴封采用盘根密封时允许有 10～20 滴/min 的泄漏。

3）运行时轴承温度不得高于 75℃。

4）水泵每运行 500 h，应对轴承进行一次加油。

5）设备长期停运应采取必要措施，防止设备玷污和锈蚀，冬季停运应采用防冻，保暖措施。

6）运行设备应视水质情况实行前期排污。

9.2　变频器在拉丝机中的应用

拉丝机行业，涉及的设备种类非常多，常见的拉丝机有水箱式拉丝机、直进式拉丝机、滑轮式拉丝机、倒立式拉丝机等，拉丝机主要应用在对铜丝、不锈钢丝等金属线缆材料的加工，属线缆制造行业极为重要的加工设备。随着变频调速技术的不断发展，变频调速器已经被广泛应用在拉丝机行业，承担着拉丝调速、张力卷取、多级同步控制等环节，变频器的应用，大大提高了拉丝机的自动化水平与加工能力、有效降低了设备的单位能耗与维护成本，得到了行业的广泛认同。目前 SD 产品（SD300 变频器）在国内拉丝机行业已经有成功的应用实例，一些采用转矩限幅的方式实现张力卷曲，这种控制方式需要编码器，而且在拉丝比较细的情况下，容易导致拉丝断线。另外，MM440 包含了 PID - trim 等功能，从功能上完全满足张力控制的需要。本文以某拉丝机为例，对拉丝机的结构以及功能实现方式进行介绍。

9.2.1　拉丝机的控制部分的构成

一般拉丝机主要由放线电动机、收线电动机及排线电动机构成驱动部分，随着收线卷径的不断扩大收线电动机的转速应相应地减小，以保证线速恒定，在控制中常采用张力反馈装置来调节收线电动机的速度。随着变频器功能不断增强、性能不断稳定，变频器也被使用于拉丝机，其中利用变频器控制收线电动机与放线电动机，而排线电动机由于功率较小直接由电网电动压来控制。变频控制示意图如图 9-6 所示。

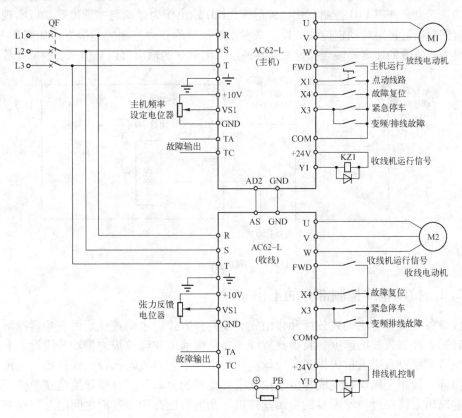

图 9-6　拉丝机变频控制示意图

速度同步要保证跳动辊的位置稳定，必须保证主从装置线速度保持一致，速度同步可以通过 PLC 通信实现，或者采用模拟量的方式实现，模拟量有两种接线方式。

1. 模拟量并联输入

所谓并联输入是指将一电位计电压信号，同时给两台变频器输入模拟量，接线如图 9-7 所示。这种接线方式可以确保速度给定信号同时发送到主从变频器，可以通过观察变频器斜坡函数发生器之后出来的速度值来判断两台装置速度给定是否同步。

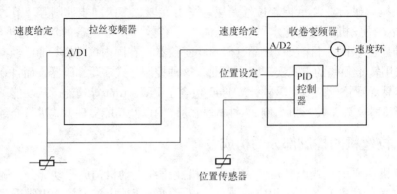

图 9-7　并联的连接方式

2. 模拟量串联输入

拉丝机将实际速度通过模拟量输出口以 0 ~ 20 mA 的信号传给收卷机，收卷机收到信号后将此作为主速度，并以 PID 控制器作位置运算，PID 输出作为微调与主速度迭加以实现对拉丝机的速度跟随。通过对跳动辊位置的控制来实现对拉丝的张力控制。连接方式如图 9-8 所示。这种连接方式收卷的速度要慢于拉丝变频器速度，但 PID 的输出可以补偿二者的速度静差。

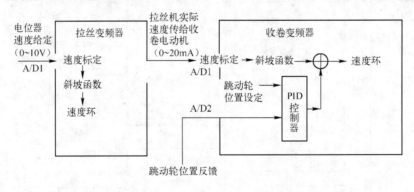

图 9-8　串联连接示意图

9.2.2　拉丝机的控制部分的工作原理

放线设备主要分为主动式放线和自由式放线两种方式。主动式放线由变频器控制放线电动机的转速来控制放线的速度，自由式放线主要是由前道卷筒拉拔力带动放线设备上的金属丝自由地从放线设备进入拉拔设备。拉丝模具的主要工艺参数是孔径，经过每一道拉丝模具的压缩拉伸，较粗金属丝就变成等值于拉丝模具孔径的金属丝。金属丝缠绕在卷筒上由电动机带动卷筒出力将穿过拉丝模具的金属丝拉出。张力臂压在两个卷筒之间的金属丝上，保证金属丝张力的稳定，张力臂的上下摆动通过安装的位置传感器的位置信号来反映，控制的目的就是让张力臂在中间位置上下波动且波动幅度越小越好。拉丝设备负责将拉拔好的金属丝等间距地排在收线工字轮上，电气构成规格的工字轮上主要是恒转矩收线，电气构成主要包括收线电动机和收线控制变频器，也可直接用力矩电动机控制。

9.2.3　变频器参数设定

系统变频器相关参数设置见表 9-2。

表 9-2　变频器参数设定

	拉丝机参数	
P1120	加速时间	150 s
P1121	减速时间	150 s
P1080	速度下限	0 Hz
P1082	速度上限	100 Hz
P2000	参考频率	90
P700	命令给定源	2（端子控制）
P1000	频率给定源	2（模拟量输入 1 作为速度给定）
P0771	模拟量输出	21（与实际频率相对应）
P1300	控制方式	20（选择无传感器矢量控制方式）
	收卷参数	
P1120	加速时间	0 s
P1121	减速时间	0.1 s
P1080	速度下限	0 Hz
P1082	速度上限	110 Hz
P2000	参考频率	85
P0700	命令给定源	2（端子控制）
P1000	速度给定源	2（模拟量输入 1 作为速度给定）
P0756.0	模拟输入 2	2（0～20 mA 输入）
P1300	控制方式	0（U/F）
P2200	使能 PID	1
P2251	PID 作为微调	1
P2253	PID 的给定源	2890
P2890	固定设定值	57%
P2257	PID 设定值的加速时间	0
P2258	PID 设定值的减速时间	0
P2264	PID 的反馈通道	755.1
P2291	PID 输出上限	50 Hz
P2292	PID 输出下限	-50 Hz
P2293	PID 输出的上升时间	4 s
P2280	PID 的比例增益	0.2
P2285	PID 的积分时间	3 s
P2274	PID 的微分	0.1

9.2.4 拉丝机控制系统的调试

为了保证拉丝机驱动器能够可靠、稳定、正确地运行，在拉丝机系统的安装、调试以及使用过程中，应注意以下事项：

1）拉丝机的接线要正确。接线时一定要正确连接伺服驱动器与控制器之间的信号线，否则伺服机构不会正常运行。

2）要正确设置拉丝机的伺服控制模式。由于每种机器的应用都有所不同，所以正确的设置伺服控制模式是保证伺服机构正确运行的前提。

3）拉丝机要确保电动机良好的接地。驱动器与设备机壳连接，一方面避免干扰，另一方面避免漏电。

4）拉丝机信号线尽量选择屏蔽双绞线，屏蔽层一般接到端子外壳。

5）应注意干扰问题，避免编码器信号和控制信号受到干扰，编码器线、信号线不要与电动机的电源线绑扎在一起或者放置于同一个线槽，应保持一定的距离。

1. 起动阶段

变频器运行前将张力杆置于中间稍偏上位置，启动变频器缓慢升速，如启动时出现断线现象说明收线电动机起动过快，可相应地调整收线电动机的起动频率、起动频率持续时间及放线、收线变频器的加减速时间几个相关参数。

2. 停车阶段

停机时放线、收线电动机由当前运行频率按减速时间减速，减速到设定频率时收线变频器的 OC 输出信号起动电磁制动装置，使得放线、收线电动机准确停车，这样便不会因为放线电动机过快停车造成铜线拉断。如果在停机过程中出现断线可相应地调放线、收线变频器减速时间，若接近停机时出现断线则可调整收线变频器的 OC（电流整定值）输出信号。

9.3 变频器在料车卷扬调速系统中的应用

在高炉炼铁生产线上，一般将把准备好的炉料从地面的贮矿槽运送到炉顶的生产机械称为高炉上料设备。它主要包括料车坑、料车、斜桥、上料机。在工作过程中，两个料车交替上料，当装满炉料的料车上升时，空料车下行，空车重量相当于一个平衡锤，平衡了重料车的车箱自重。这样，上行或下行时，两个料车由一个卷扬机拖动，不但节省了拖动电动机的功耗，而且当电动机运转时总有一个重料车上行，没有空行程。这样使拖动电动机总是处于电动状态运行，避免了电动机处于发电运行状态所带来的一些问题。

9.3.1 变频器在料车卷扬调速系统中的构成

1. 交流电动机的选用

炼铁高炉主卷扬机变频调速拖动系统在选择交流异步电动机时，应注意：①低频时有效转矩必须满足的要求；②电动机必须有足够大的起动转矩来确保重载起动。针对本系统 $100\,m^3$ 的高炉，选用 Y2805-8 的三相交流感应电动机，其额定功率为 37kW，额定电流为 78.2A，额定电压为 380V，额定转速为 740r/min，效率为 91%，功率因数为 0.79。

2. 变频器的选择

1）变频器的容量。

变频器的容量应按运行过程中可能出现的最大工作电流来选择。所选择的变频器容量应比变频器说明书中的"配用电动机容量"大一档至二档；且应具有无反馈矢量控制功能。本系统选用西门子 MM440，额定功率 55 kW，额定电流 110 A 的变频器。

2）制动单元。

从上料卷扬运行速度曲线可以看出，料车在减速或定位停车时，应选择相应的制动单元及制动电阻。

3）控制与保护。

料车卷扬系统是钢铁生产中的重要环节，拖动控制系统应保证绝对安全可靠。同时，高炉炼铁生产现场环境较为恶劣，所以，系统还应具有必要的故障检测和诊断功能。

9.3.2 调速系统基本工作原理

系统为 100 m³ 的炼铁高炉，由一台卷扬机拖动两台料车，料车位于轨道斜面上，互为上行、下行，即其中一台料车载料上行，另一台为空车下行，运行过程中电动机始终处于负载状态。料车机械传动系统示意图如图 9-9 所示。

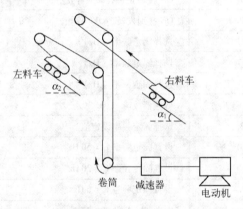

图 9-9 料车机械传动系统

料车运行过程料车在料桥上运行分为 6 个阶段：起动、加速、稳定运行、减速、倾翻和制动。在整个过程中包括一次加速、两次减速。根据料车运行速度要求，电动机在高速、中速、低速段的速度曲线采用变频器设定的固定频率，按速度切换主令控制器发出的信号，由 PLC 控制转速的切换。例如，起动加速阶段，时间为 3 s；高速运行阶段，$f_1 = 50$ Hz 为高速运行对应的变频器频率，电动机转速为 740 r/min，钢绳速度为 1.5 m/s；第一次减速阶段由主令控制器发出第一次减速信号给 PLC，由 PLC 控制 MM440 变频器，使频率从 50 Hz 下降到 20 Hz，电动机转速从 740 r/min 下降到 296 r/min，钢绳速度从 1.5 m/s 下降到 0.6 m/s，减速时间为 1.8 s；中速运行阶段 $f_2 = 20$ Hz；第二次减速阶段，由主令控制器发出的第二次减速信号给 PLC，由 PLC 控制 MM440 变频器，使频率从 20 Hz 下降到 6 Hz，电动机转速从 296 r/min 下降到 88.8 r/min，钢绳速度从 0.6 m/s 下降到 0.18 m/s；低速运行阶段频率为 6 Hz；制动停车阶段，当料车运行至高炉顶时，限位开关发出停车指令，由 PLC 控制 MM440 变频器完成停车。若在运行过程中出现故障时，报警同时抱闸停车。

9.3.3 变频调速系统主要设备选择及变频参数设置

在确保接线无误的情况下，合上电源并设置 MM440 变频器的参数，设置 P0010 = 30，P0970 = 1，然后按下 P 键，使变频器恢复到出厂默认值。变频器参数设置见表 9-3。

表 9-3 变频器参数设置

参 数 号	设 置 值	说 明
P0100	0	功率单位为 kW，频率为 50 Hz
P0300	1	电动机类型选择（异步电动机）
P0304	380	电动机额定电压（V）
P0305	78.2	电动机额定电流（A）
P0307	37	电动机额定功率（kW）
P0309	91	电动机额定效率（%）
P0310	50	电动机额定频率（Hz）
P0311	740	电动机额定转速（r/min）
P0700	2	命令源选择"由端子排输入"
P0701	1	ON 接通正转，OFF 停止
P0702	2	ON 接通发转，OFF 停止
P0703	17	选择固定频率（Hz）
P0704	17	选择固定频率（Hz）
P0705	17	选择固定频率（Hz）
P0731	52.3	变频器故障
P1000	3	选择固定频率设定值
P1001	50	设置固定频率 f_1 = 50 Hz
P1002	20	设置固定频率 f_2 = 20 Hz
P1004	6	设置固定频率 f_3 = 6 Hz
P1080	0	电动机运行的最低频率（Hz）
P1082	50	电动机运行的最低频率（Hz）
P1120	3	斜坡上升世间（s）
P1121	3	斜坡下降时间（s）
P1300	20	变频器为无速度反馈的矢量控制

9.3.4 料车卷扬调速系统的调试及注意事项

料车卷扬调速系统的调试是非常重要的，下面以高炉卷扬上料系统为例介绍卷扬机的调试系统的调试及注意事项。

1）料车电动机安装好后，电动机和减速箱的联轴器先不要连接。在料变频柜一、二次检查确认无误后，料车上电，先把料车电动机的电流、功率、频率等额定铭牌参数输入变频器。根据变频器的使用手册先对电动机进行辨识（此时有的电动机会旋转）。要求现场有人进行监护，确保安全。辨识主要是变频器对电动机和线路的电抗和电阻进行自动检测。辨识完后，自动输入变频器，辨识后能使变频器处于最佳的运行状态。其他的备用变频器用同样的方法进行操作。

2）整个运行过程中，加速和减速时间的设置比较重要，因为这个时间决定料车行走的加速度，如果这个时间太短，在料车处于料坑段，料车钢丝绳容易产生松弛；在曲轨卸料段钢丝绳容易产生抖动，所以加、减速斜坡一般设置为 S 型的方式。

3）在第 2 步完成后，空载运行 2 h 没问题后，可以把电动机和减速箱的联轴器连接好。可以带起绳筒两个空方向运行 2 h，没有问题后交给机械穿钢绳和安装小车。穿钢绳时可以把高、中速取消，让其低速运行，以保证安全。此时没有主令控制器限位，炉顶和槽下、以及卷扬室都要有人，用对讲机，随时联系，确保安全。

4）在钢绳和两个小车都安装好后，开动料车。把两个小车平行放到料车轨道中央后，再安装两台主令控制器。可以先调试和料车二次回路相关的主令控制器。再将调试信号送 PLC 的主令控制器。期间需要反复手动让左右料车上、下，并看主令控制的动作情况作调整。最终让料坑接得到料和炉顶料车能卸完料。此时没有主令控制器限位，炉顶和槽下、以及卷扬室都要有人，用对讲机随时联系，确保安全。

5）主令控制器调试好后，可以就地手动让料车运行几次，没有问题后，可以从上位机上用手动让料车运行几次。没有问题后，可以进行程序的全空车调试，让料车自动运行。这期间要确保现场没有人。并要随时有机械技术人员监控料车运行情况。一旦有问题，需要马上停止和处理。

6）在机械人员处理轨道和穿钢绳、挂料车等施工时（不需要料车运行时）。变频器一定要分闸断电并挂牌，确保安全。

9.4　基于 PROFIBUS – DP 现场总线的变频技术在切割机中的应用

9.4.1　PROFIBUS 现场总线介绍

现场总线是应用于工业现场、连接智能现场设备和自动化系统的数字式、双向传输、多分支结构的通信网络。其中 PROFIBUS 现场总线标准是开放的、不依赖生产厂家的通信系统标准。所以，在各种工业控制中得到了广泛的应用。

PROFIBUS 是德国国家标准 DIN19245 和欧洲标准 EN50170 的现场总线标准。由分散和外围设备 PROFIBUS – DP（Decentralized Periphery）、报文规范 PROFIBUS – FMS（Fieldbus Message Periphery）、过程自动化 PROFIBUS – PA（Process Automation）组成了 PROFIBUS 系列。

其中，PROFIBUS – DP 用于设备级的高速数据传送，中央控制器（如 PLC、PC），通过高速串行线同分散的现场设备（如 I/O、驱动器、阀门等）进行通信。PROFIBUS – DP 具有快速、即插即用、高效低成本等优点。在用于现场层的高速数据传送时，主站周期地读取从设备的输入信息并周期地向从站设备发送输出信息。除周期性数据传输外，PROFIBUS – DP 还提供了智能化设备所需要的非周期性通信以进行组态、诊断和报警处理。

根据国际标准化组织 ISO7498 标准，PROFIBUS 的协议结构以开放系统互联网络 OSI 为参考模型，采用了该模型的物理层、数据链路层，隐去了第 3～7 层，而增加了直接数据连接拟合，作为用户接口。用户接口规定了用户及系统以及不同设备可调用的应用功能。

9.4.2 变频切割机系统的组成

1. 切割机设备组成

此切割机是由德国 GEGA 公司生产的整套设备，是火焰切割机，其主要作用是将铸坯切割成定尺或倍尺长度，并可进行坯头、坯尾及试样切割。与引锭杆分离后的铸坯按拉坯速度进入切割区，火焰切割机切掉 300 mm 左右长度的切头，掉入下部的切头收集箱内，切头切割以后的铸坯按要求的 3 倍尺长度切割。切割期间，靠夹持装置，火焰切割机与铸坯同步行走，铸坯长度通过测量辊测量，切割自动进行，并考虑了二级自动化系统的长度优化。切割机系统包括机械、能源介质供应和控制、电气仪表控制等自成系统配套的机电一体化装置。切割机由以下设备组成：切割机支撑结构，切割机械设备，能源介质供给控制，铸坯长度测量装置，电气控制系统，热防护装置等。

2. 切割机工艺过程

切割机工艺过程一般由坯头切割、定尺切割、坯尾切割三个过程组成。最主要的定尺切割工艺过程如下：当测量轮计数接近定尺前 500 mm 小车预下降，到位后双枪同时往里移动，当边探碰到铸坯外壳时，预热氧、预热煤气打开进行预热，在这段时间内切割枪是不动作的，当完全到达定尺后，小车下降到位（压住铸坯），同时打开切割氧进行切割，先以初始割速切割（正常割速的 30%），切割 50 mm 后以全速进行切割，双枪在相距 120 mm 相遇后，其中一个枪关闭切割氧，停止切割并返回原始位，关闭所有介质，由另一个枪继续切割，多切过 10 mm 后该枪也停止切割，同时小车上升大车后退返回原始位，等待下一个定尺。

3. 切割机控制系统

切割机自动控制系统采用一台西门子 S7 - 300 PLC 和一台 PCS smart 1200 触摸屏构成，通过工业以太网模块和 TCP/IP 协议将 PLC 和 L1 级控制系统连接起来，通过 PROFIBUS - DP 接口与 MM440 变频器和 PCS1200 触摸屏通信。

9.4.3 PLC 通信编程及 MM440 变频器参数定义

1. PLC 数据 PROFIBUS 传输编程

STEP 7 V5.1 有两个 SFC 块 "DPRD_DAT" 和 "DPWR_DAT"，用于 PROFIBUS 主站和从站之间的数据传输。切割机系统中，应用 DP 通信传输命令 "DPRD_DAT" 和 "DPWR_DAT" 把数据传输到 MM440 变频器的通信区 PZD 数据区 PIW 内，同时把 MM440 变频器的 PZD 数据区 PQW 数值读到 PROFIBUS - DP 传输的 DB 块中。切割车 MM440 变频器（5#站）的 PROFIBUS 控制命令的传输应用程序如下：

```
CALL  "DPRD_DAT";/调用 DP 读命令
LADDR：W#16#120;/起始地址
RET_VAL：="5#comdata". RECIEVE_RET;
RECORD：P#DB31. DBX20.0 BYTE 20;/目标数据地址
CALL  "DPWR_DAT";/调用 DP 写命令
LADDR：W#16#120;/起始地址
RECORD：P#DB31. DBX0.0 BYTE 20;/目标数据地址
RET_VAL：="5#comdata". SEND_RET;
```

2. 切割车 MM440 变频器参数定义

1) 基本通信参数定义：为了保证 PROFIBUS 的通信板正常应用，下面的参数必须设置，见表9-4。

表9-4　通信基本参数

参　　数	意　　义	设　　置
P0918	PROFIBUS 地址	4
P0719	命令和频率设定值选择	0
P0700	快速选择命令源	6
P1000	快速选择频率设定	6
P0927	参数修改设置	15

2）通信参数传输格式定义：MM440 变频器控制器通信参数应用分为以下两个部分。

① 过程数据输出区：MM440 变频器接受 PLC 的控制字和设定值，过程数据输出区 PZD1、PZD2 对应 MM440 变频器内为控制字（r2090）和设定值（r2050）。

② 过程数据输入区：MM440 变频器给 PLC 的状态字和实际值，过程数据输入区 PZD1（状态字 r0052）、PZD2（实际值 r0021）和 MM440 变频器的参数 P2050.1、P2050.2 对应。

3）过程数据输出、输入区在变频器中的通信参数应用见表9-5。

表9-5　变频器通信参数应用

变频器参数	意　　义	设　　置
P0840	变频器使能	2090:0
P0844	按自由惯性停车 OFF2	2090:1
P0848	停车斜坡下降时间 OFF3	2090:2
P0852	脉冲使能	2090:3
P1140	RFG（斜坡函数发生器）使能	2090:4
P1142	RFG（斜坡函数发生器）启动	2090:5
P1143	RFG 设定值使能	2090:6
P2104	故障确认	2090:7
P1055	正向点动	2090:8
P1056	反向点动	2090:9
P1070	主给定值	2050:1
P2050.0	PZD（过程控制命令）第一个字	0052
P2050.1	PZD（过程控制命令）第二个字	0021

本系统通过使用 PROFIBUS – DP 现场总线，减少了大量布线。使现场安装、调试的工作量大为降低，缩短了开发周期，提高了效率。由于 PROFIBUS – DP 数据传输速度快，系统实现简单，可靠性高，在工业控制网络中得到了广泛的应用。

9.5　本章小结

本章主要介绍了变频器在恒压供水系统、拉丝机、卷扬机系统中的应用以及 PROFIBUS – DP 现场总线在变频切割机中的应用。在工业生产和产品加工制造业中，风机、泵类设备应用范围广泛，其电能消耗和诸如阀门、挡板相关设备的节流损失以及维护、维修费用，是一笔不小的生产费用。变频器控制电动机的技术一改普通电动机只能以定速方式运行的模式，使得电动机及其拖动负载在无须任何改动的情况下即可以按照生产工艺要求调整转速输出，从而降低电动机功耗达到系统高效运行的目的。从设备管理方面实现了电动机的软起动，减小起动电流冲击，设备使用寿命得以延长，维护量减少。目前变频器控制技术已在电力、冶金、石油、化工、造纸、食品、纺织等多种行业的电动机传动设备中得到实际应用。变频调速技术已经成为现代电力传动技术的一个主要发展方向。

9.6　测试题

一、选择题

1. 一个 PROFIBUS 网络上的设备个数为（　　）。
   A. 125　　　　　　B. 126　　　　　　C. 127　　　　　　D. 128

2. 对电动机从基本频率向上的变频调速属于（　　）调速。
   A. 恒功率　　　　B. 恒转矩　　　　　C. 恒磁通　　　　D. 恒转差率

3. 下列（　　）方式不适用于变频调速系统。
   A. 直流制动　　　B. 回馈制动　　　　C. 反接制动　　　D. 能耗制动

4. 对于风机类的负载宜采用（　　）的转速上升方式。
   A. 线形　　　　　B. S 形　　　　　　C. 正半 S 形　　　D. 反半 S 形

5. 变频器的调压调频过程是通过控制（　　）进行的。
   A. 载波　　　　　B. 调制波　　　　　C. 输入电压　　　D. 输入电流

6. 为了适应多台电动机的比例运行控制要求，变频器设置了（　　）功能。
   A. 频率增益　　　B. 转矩补偿　　　　C. 矢量控制　　　D. 回避频率

7. 为了提高电动机的转速控制精度，变频器具有（　　）功能。
   A. 转矩补偿　　　B. 转差补偿　　　　C. 频率增益　　　D. 段速控制

8. 变频器安装场所周围振动加速度应小于（　　）g。
   A. 1　　　　　　B. 0.5　　　　　　C. 0.6　　　　　　D. 0.8

9. 变频器种类很多，其中按滤波方式可分为电压型和（　　）型。
   A. 电流　　　　　B. 电阻　　　　　　C. 电感　　　　　D. 电容

二、填空题

1. 设置矢量控制时，为了防止漏电流的影响，变频器与电动机之间的电缆长度应不大于_____米。

2. 一台变频器可以控制_____台电动机。

3. 变频器的各种功能设置与_____有关。

4. 矢量控制是变频器的一种_____控制方式。

5. 变频器的 PID 功能中，P 指_____，I 指_____，D 指_____。

6. 噪声干扰可能导致误动作发生，所以信号线要离动力线_____以上。

7. 一般拉丝机主要由 _____ 与 _____ 及 _____构成驱动部分，随着收线卷径不断扩大，收线电动机的转速应相应的减小，以保证线速恒定，在控制中常采用张力反馈装置来调节收线电动机的速度。

三、简答题

1. 既然矢量控制变频器性能优于基本 U/f 控制变频器，为什么很多应用场合还要选择基本 U/f 控制变频器？

2. 为什么根据工作电流选取变频器，更能使其安全工作？

3. 变频器的信号线和输出线都采用屏蔽电缆安装，其目的有什么不同？

4. 恒压供水系统由哪些构成？

5. 什么是 PROFIBUS 现场总线？

附　录

附录1　MM440 系列变频器参数设置表

1. 常用参数

参 数 号	参 数 名 称	默 认 值	用户访问级
r0000	驱动装置只读参数的显示值	—	2
P0003	用户的参数访问级	1	1
P0004	参数过滤器	0	1
P0010	调试用的参数过滤器	0	1

2. 快速调试参数

参 数 号	参 数 名 称	默 认 值	用户访问级
P0100	适用于欧洲/北美地区	0	1
P3900	"快速调试"结束	0	1

3. 复位参数

参 数 号	参 数 名 称	默 认 值	用户访问级
P0970	复位为工厂设置值	0	1

4. 变频器参数（P0004 = 2）

参 数 号	参 数 名 称	默 认 值	用户访问级
r0018	硬件的版本	—	1
r0026	CO：直流回路电压实际值	—	2
r0037	CO：变频器温度	—	3
r0039	CO：能量消耗计量表（kW·h）	—	2
P0040	能量消耗计量表清零	0	2
r0200	功率组合件的实际标号	—	3
P0201	功率组合件标号	0	3
r0203	变频器的实际标号	—	3
r0204	功率组合件的特征	—	3
r0206	变频器的额定功率	—	2
r0207	变频器的额定电流	—	2
r0208	变频器的额定电压	—	2
P0210	电源电压	230	3
r0231	电缆的最大长度	—	3

参 数 号	参 数 名 称	默 认 值	用户访问级
P0290	变频器的过载保护	2	3
P0292	变频器的过载报警信号	15	3
P1800	脉宽调制频率	4	2
r1801	CO：脉宽调制的开关频率实际值	—	3
P1802	调制方式	0	3
P1820	输出相序反向	0	2

5. 电动机数据（P0004＝3）

参 数 号	参 数 名 称	默 认 值	用户访问级
r0035	CO：电动机温度实际值	—	2
P0300	选择电动机类型	1	2
P0304	电动机额定电压	230	1
P0305	电动机额定电流	3.25	1
P0307	电动机额定功率	0.75	1
P0308	电动机额定功率因数	0.000	2
P0309	电动机额定效率	0.0	2
P0310	电动机额定频率	50.00	1
P0311	电动机额定速度	0	1
r0313	电动机的极对数	—	3
P0320	电动机的磁化电流	0.0	3
r0330	电动机的额定滑差	—	3
r0331	电动机的额定磁化电流	—	3
r0332	电动机的额定功率因数	—	3
P0335	电动机的冷却方式	0	2
P0340	电动机参数的计算	0	2
P0344	电动机的重量	9.4	3
P0346	磁化时间	1.000	3
P0347	退磁时间	1.000	3
P0350	定子电阻（线间）	4.0	2
r0384	转子时间常数	—	3
r0395	CO：定子总电阻（%）	—	3
P0610	电动机 I^2t 温度保护	2	3
P0611	电动机 I^2t 时间常数	100	2
P0614	电动机 I^2t 过载报警的电平	100.0	2
P0640	电动机过载因子（%）	150.0	2
P1910	选择电动机数据是否自动测定	0	2
r1912	自动测定的定子电阻	—	2

6. 命令和数字 I/O 参数 （P0004 =7）

参 数 号	参 数 名 称	默 认 值	用户访问级
r0002	驱动装置的状态	—	2
r0019	CO/BO：BOP 控制字	—	3
r0052	CO/BO：激活的状态字 1	—	2
r0053	CO/BO：激活的状态字 2	—	2
r0054	CO/BO：激活的控制字 1	—	3
r0055	CO/BO：激活的辅助控制字	—	3
P0700	选择命令源	2	1
P0701	选择数字输入 1 的功能	1	2
P0702	选择数字输入 2 的功能	12	2
P0703	选择数字输入 3 的功能	9	2
P0704	选择数字输入 4 的功能	0	2
P0719	选择命令和频率设定值	0	3
r0720	数字输入的数目	—	3
r0722	CO/BO：各个数字输入的状态	—	2
P0724	开关量输入的防颤动时间	3	3
P0725	选择数字输入的 PNP/NPN 接线方式	1	3
r0730	数字输出的数目	—	3
P0731	BI：选择数字输出 1 的功能	52：3	2
r0747	CO/BO：各个数字输入的状态	—	3
P0748	数字输出反相	0	3
P0800	BI：下载参数 0	0：0	3
P0801	BI：下载参数 1	0：0	3
P0840	BI：ON/OFF1	722.0	3
P0842	BI：ON/OFF1，反转方向	0：0	3
P0844	BI：1. OFF2	1：0	3
P0845	BI：2. OFF2	19：1	3
P0848	BI：1. OFF3	1：0	3
P0849	BI：2. OFF3	1：0	3
P0852	BI：脉冲使能	1：0	3
P1020	BI：固定频率选择，位 0	0：0	3
P1021	BI：固定频率选择，位 1	0：0	3
P1022	BI：固定频率选择，位 2	0：0	3
P1035	BI：使能 MOP（升速命令）	19. 13	3
P1036	BI：使能 MOP（减速命令）	19. 14	3
P1055	BI：使能正向点动	0. 0	3
P1056	BI：使能反向点动	0. 0	3

（续）

参　数　号	参　数　名　称	默　认　值	用户访问级
P1074	BI：禁止辅助设定值	0.0	3
P1110	BI：禁止负向的频率设定值	0.0	3
P1113	BI：反向	722.1	3
P1124	BI：使能点动斜坡时间	0.0	3
P1230	BI：使能直流注入制动	0.0	3
P2103	BI：1. 故障确认	722.2	3
P2104	BI：2. 故障确认	0.0	3
P2106	BI：外部故障	1.0	3
P2220	BI：固定 PID 设定值选择，位 0	0.0	3
P2221	BI：固定 PID 设定值选择，位 1	0.0	3
P2222	BI：固定 PID 设定值选择，位 2	0.0	3
P2235	BI：使能 PID—MOP（升速命令）	19.13	3
P2236	BI：使能 PID—MOP（减速命令）	19.14	3

7. 模拟 I/O 参数（P0004 = 8）

参　数　号	参　数　名　称	默　认　值	用户访问级
r0750	ADC（模-数转换输入）的数目	—	3
r0752	ADC 的实际输入（V）或（mA）	—	2
r0753	ADC 的平滑时间	3	3
r0754	标定后的 ADC 实际值（%）	—	2
r0755	CO：标定后的 ADC 实际值（4000 h）	—	2
P0756	ADC 的类型	0	2
P0757	ADC 输入特性标定的 x_1 值（V/mA）	0	2
P0758	ADC 输入特性标定的 y_1 值	0.0	2
P0759	ADC 输入特性标定的 x_2 值（V/mA）	10	2
P0760	ADC 输入特性标定的 y_2 值	100.0	2
P0761	ADC 死区的宽度（V/mA）	0	2
P0762	信号消失的延迟时间	10	3
r0770	DAC（数-模转换输出）的数目	—	3
P0771	CI：DAC 输出功能选择	21：0	2
P0773	DAC 的平滑时间	2	2
r0774	实际的 DAC 输出（V）或（mA）	—	2
P0776	DAC 的型号	0	2
P0777	DAC 输出特性标定的 x_1 值	0.0	2
P0778	DAC 输出特性标定的 y_1 值	0	2
P0779	DAC 输出特性标定的 x_2 值	100.0	2
P0780	DAC 输出特性标定的 y_2 值	20	2
P0781	DAC 死区的宽度	0	2

8. 设定值通道和斜坡函数发生器参数 （P0004 = 10）

参 数 号	参 数 名 称	默 认 值	用户访问级
P1000	选择频率设定值	2	1
P1001	固定频率 1	0.00	2
P1002	固定频率 2	5.00	2
P1003	固定频率 3	10.00	2
P1004	固定频率 4	15.00	2
P1005	固定频率 5	20.00	2
P1006	固定频率 6	25.00	2
P1007	固定频率 7	30.00	2
P1016	固定频率方式—位 0	1	3
P1017	固定频率方式—位 1	1	3
P1018	固定频率方式—位 2	1	3
P1019	固定频率方式—位 3	1	3
r1024	CO：固定频率的实际值	—	3
P1031	存储 MOP 设定值	0	2
P1032	禁止反转的 MOP 设定值	1	2
P1040	MOP 设定值	5.00	2
r1050	CO：MOP 的实际输出频率	—	3
P1058	正向点动频率	5.00	2
P1059	反向点动频率	5.00	2
P1060	点动的斜坡上升时间	10.00	2
P1061	点动的斜坡下降时间	10.00	2
P1070	CI：主设定值	755.0	3
P1071	CI：标定的主设定值	1.0	3
P1075	CI：辅助设定值	0.0	3
P1076	CI：标定的辅助设定值	1.0	3
r1078	CO：总的频率设定值	—	3
r1079	CO：选定的频率设定值	—	3
P1080	最小频率	0.00	1
P1082	最大频率	50.00	1
P1091	跳转频率 1	0.0	3
P1092	跳转频率 2	0.00	3
P1093	跳转频率 3	0.00	3
P1094	跳转频率 4	0.00	3
P1101	跳转频率的宽度	2.00	3
r1114	CO：方向控制后的频率设定值	—	3
r1119	CO：未经斜坡函数发生器的频率设定值	—	3

参 数 号	参 数 名 称	默 认 值	用户访问级
P1120	斜坡上升时间	10.00	1
P1121	斜坡下降时间	10.00	1
P1130	斜坡上升起始段圆弧时间	0.00	2
P1131	斜坡上升结束段圆弧时间	0.00	2
P1132	斜坡下降起始段圆弧时间	0.00	2
P1133	斜坡下降结束段圆弧时间	0.00	2
P1134	平滑圆弧的类型	0	2
P1135	OFF3 斜坡下降时间	5.00	2
r1170	CO：通过斜坡函数发生器的频率设定值	—	3

9. 驱动装置的特点（P0004 = 12）

参 数 号	参 数 名 称	默 认 值	用户访问级
P0005	选择需要显示的参量	21	2
P0006	显示方法	2	3
P0007	背板亮光延迟时间	0	3
P0011	锁定用户定义的参数	0	3
P0012	用户定义参数解锁	0	3
P0013	用户定义的参数	0	3
P1200	捕捉再起动	0	2
P1202	电动机电流：捕捉再起动	100	3
P1203	搜寻速率：捕捉再起动	100	3
P1210	自动再起动	1	2
P1211	自动再起动重试次数	3	3
P1215	使能抱闸制动	0	2
P1216	释放抱闸制动延迟时间	1.0	2
P1217	斜坡下降后的抱闸时间	1.0	2
P1232	直流注入制动的电流	100	2
P1233	直流注入制动的持续时间	0	2
P1236	复合制动电流	0	2
P1237	动力制动	0	2
P1240	直流电压控制器的组态	1	3
r1242	CO：最大直流电压的接通电平	—	3
P1243	最大直流电压的动态因子	100	3
P1253	直流电压控制器的输出限幅	10	3
P1254	直流电压接通电平的自动检测	1	3

10. 电动机的控制参数（P0004 = 13）

参 数 号	参 数 名 称	默 认 值	用户访问级
r0020	CO：实际的频率设定值	—	3
r0021	CO：实际频率	—	2
r0022	转子实际速度	3	3

参 数 号	参 数 名 称	默 认 值	用户访问级
r0024	CO：实际输出频率	—	3
r0025	CO：实际输出电压	—	2
r0027	CO：实际输出电流	—	2
r0034	电动机的 I^2t 温度计算值	—	2
r0056	CO/BO：电动机的控制状态	—	3
r0067	CO：实际输出电流限值	—	3
r0071	CO：最大输出电压	—	3
r0086	CO：实际的有效电流	—	3
P1300	控制方式	0	2
P1310	连续提升	50.0	2
P1311	加速提升	0.0	2
P1312	起动提升	0.0	2
P1316	提升结束的频率	20.0	3
P1320	可编程 U/f 特性的频率坐标 1	0.00	3
P1321	可编程 U/f 特性的频率坐标 1	0.0	3
P1322	可编程 U/f 特性的频率坐标 2	0.00	3
P1323	可编程 U/f 特性的频率坐标 2	0.0	3
P1324	可编程 U/f 特性的频率坐标 3	0.00	3
p1325	可编程 U/f 特性的频率坐标 3	0.0	3
P1333	FCC 的启动频率	10.0	3
P1335	滑差补偿	0.0	2
P1336	滑差极限	250	2
r1337	CO：U/f 特性的滑差频率	—	3
P1338	U/f 特性谐振阻尼的增益系数	0.00	3
P1340	最大电流（I_{max}）控制器的比例增益系数	0.000	3
P1341	最大电流（I_{max}）控制器的积分时间	0.300	3
r1343	CO：最大电流（I_{max}）控制器的输出频率	—	3
r1344	CO：最大电流（I_{max}）控制器的输出电压	—	3
P1350	电压软起动	0	3

11. 通信参数（P0004 = 20）

参 数 号	参 数 名 称	默 认 值	用户访问级
P0918	CB（通信板）地址	3	2
P0927	修改参数的途径	15	2
r0964	微程序（软件）版本数据	—	3
r0967	控制字 1	—	3
r0968	状态字 1	—	3

参　数　号	参　数　名　称	默　认　值	用户访问级
P0971	从 RAM 到 EEPROM 传输数据	0	3
P2000	基准频率	50.00	2
P2001	基准电压	1000	3
P2002	基准电流	0.10	3
P2009	USS 规格化	0	3
P2010	USS 波特率	6	2
P2011	USS 地址	0	2
P2012	USSPZD 的长度	2	3
P2013	USSPKW 的长度	127	3
P2014	USS 停止发报时间	0	3
r2015	CO：从 BOP 链接 PZD（USS）	—	3
P2016	CI：从 PZD 到 BOP 链接（USS）	52：0	3
r2018	CO：从 CQM 链接 PZD（USS）	—	3
P2019	CI：从 PZD 到 COM 链接（USS）	52：0	3
r2024	USS 报文无错误	—	3
r2025	USS 拒收报文	—	3
r2026	USS 字符帧错误	—	3
r2027	USS 超时错误	—	3
r2028	USS 奇偶错误	—	3
r2029	USS 不能识别起始点	—	3
r2030	USSBCC 错误	—	3
r2031	USS 长度错误	—	3
r2032	BO：从 BOP 链接控制 1（USS）	—	3
r2033	BO：从 BOP 链接控制 2（USS）	—	3
r2036	BO：COM 链接控制 1（USS）	—	3
r2037	BO：COM 链接控制 2（USS）	—	3
P2040	CB 报文停止时间	20	3
P2041	CB 参数	0	3
r2050	CO：从 CB—PZD	—	3
P2051	CI：从 PZD—CB	52：0	3
r2053	CB 识别	—	3
r2054	CB 诊断	—	3
r2090	BO：CB 发出的控制字 1	—	3
r2091	BO：CB 发出的控制字 2	—	3

12. 报警、警告和控制参数（P0004＝21）

参　数　号	参　数　名　称	默　认　值	用户访问级
r0947	最新的故障码	—	2
r0948	故障时间	—	3
r0949	故障数值	—	3

参 数 号	参 数 名 称	默 认 值	用户访问级
P0952	故障的总数	0	3
P2100	选择报警号	0	3
P2101	停车的反冲值	0	3
r2110	警告信息号	—	2
P2111	警告信息的总数	0	3
r2114	运行时间计数器	—	3
P2115	AOP 实时时钟	0	3
P2150	回线频率 f_hys	3.00	3
P2155	门限频率 f_1	30.00	3
P2156	门限频率 f_1 的延迟时间	10	3
P2164	回线频率差	3.00	3
P2167	关断频率 f_off	1.00	3
P2168	延迟时间 T_off	10	3
P2170	门限电流 I_thresh	100.0	3
P2171	电流延迟时间	10	3
P2172	直流回路电压门限值	800	3
P2173	直流回路电压延迟时间	10	3
P2179	判定无负载的电流限制	3.0	3
P2180	判定无负载的延迟时间	20.10	3
r2197	CO/BO：监控字 1	—	2

13. PI 控制器参数（P00004 = 22）

参 数 号	参 数 名 称	默 认 值	用户访问级
P2200	BI：使能 PID 控制器	0:0	2
P2201	固定的 PID 设定值 1	0.00	2
P2202	固定的 PID 设定值 2	10.00	2
P2203	固定的 PID 设定值 3	20.00	2
P2204	固定的 PID 设定值 4	30.00	2
P2205	固定的 PID 设定值 5	40.00	2
P2206	固定的 PID 设定值 6	50.00	2
P2207	固定的 PID 设定值 7	60.00	2
P2216	固定的 PID 设定值方式_ 位 0	1	3
P2217	固定的 PID 设定值方式_ 位 1	1	3
P2218	固定的 PID 设定值方式_ 位 2	1	3
r2224	CO：实际的固定 PID 设定值	—	2
P2231	PID - MOP 的设定值储存	0	2
P2232	禁止 PID - MOP 的反向设定值	1	2
P2240	PID - MOP 的设定值	10.00	2
r2250	CO：PID - MOP 的设定值输出	—	2
P2251	PID 方式	0	3
P2253	CI：PID 设定值	0:0	2

参　数　号	参 数 名 称	默 认 值	用户访问级
P2254	CI：PID 微调信号源	0:0	3
P2255	PID 设定值的增益因子	100.00	3
P2256	PID 微调的增益因子	100.00	3
P2257	PID 设定值的斜坡上升时间	1.00	2
P2258	PID 设定值的斜坡下降时间	100	2
r2260	CO：实际的 PID 设定值	—	2
P2261	PID 设定值滤波器的时间常数	0.00	3
r2262	CO：经滤波的 PID 设定值	—	3
P2264	CI：PID 反馈	755:0	2
P2265	PID 反馈信号滤波器的时间常数	0.00	2
r2266	CO：PID 经滤波的反馈	—	2
P2267	PID 反馈的最大值	100.00	3
P2268	PID 反馈的最小值	0.00	3
P2269	PID 增益系数	100.00	3
P2270	PID 反馈的功能选择器	0	3
P2271	PID 送便器的类型	0	2
r2272	CO：已标定的 PID 反馈信号	—	2
r2273	CO：PID 错误	—	2
P2280	PID 的比例增益系数	3.000	2
P2285	PID 的积分时间	0.000	2
P2291	PID 的输出上限	100.00	2
P2292	PID 的输出下限	0.00	2
P2293	PID 设定值的斜坡上升/下降时间	1.00	3
r2294	CO：实际的 PID 输出	—	2

14. MM440 的"命令和数字 I/O（P004 = 7）"及"设定值通道和斜坡函数发生器（P0004 = 10）"增加参数

参　数　号	参 数 名 称	默 认 值	用户访问级
P0705	选择数字输入 5 的功能	15	2
P0706	选择数字输入 6 的功能	15	2
P0707	选择数字输入 7 的功能	0	2
P0708	选择数字输入 8 的功能	0	2
P1008	固定频率 8	35.00	2
P1009	固定频率 9	40.00	2
P1010	固定频率 10	45.00	2
P1011	固定频率 11	50.00	2
P1012	固定频率 12	55.00	2
P1013	固定频率 13	60.00	2
P1014	固定频率 14	65.00	2
P1015	固定频率 15	65.00	2

附录2　MM440系列变频器故障代码及解决对策

故障代码	故障成因分析	故障诊断及处理
F0001 过电流	电动机电缆过长 电动机绕组短路 输出接地 电动机堵转 变频器硬件故障 加速时间过短（P1120） 电动机参数不正确 起动提升电压过高（P1310） 矢量控制参数不正确	1. 变频器通电报 F0001 故障且不能复位，需拆除电动机并将变频器参数恢复为出厂设定值。如果此故障依然出现，则联系西门子维修部门。 2. 启动过程中出现 F0001，可以适当增加加速时间，减轻负载，同时要检查电动机接线，检查机械抱闸是否打开。 3. 检查负载是否突然波动。 4. 用钳形表检查三相输出电流是否平衡。 5. 对于特殊电动机，需要确认电动机参数，并正确修改 U/f 曲线。 6. 对于变频器输出端安装了接触器，检查是否在变频器运行中有通断动作。 7. 对于一台变频器拖动多台电动机的情况，确认电动机电缆总长度和总电流
F0002 过电压	输入电压过高或者不稳定 再生能量回馈 PID 参数不合适	1. 延长降速时间 P1121，使能最大电压控制器 P1240 = 1。 2. 测量直流母线电压，并且与 r0026 的显示值比较，如果相差太大，建议维修。 3. 看负载是否平稳。 4. 测量三相输入电压。 5. 检查制动单元、制动电阻是否工作。 6. 如果使用 PID 功能，则检查 PID 参数
F0003 欠电压	输入电压低 冲击负载 输入断相	1. 测量三相输入电压。 2. 测量三相输入电流，是否平衡。 3. 测量变频器直流母线电压，并且与 r0026 显示值比较，如果相差太大，需维修。 4. 检查制动单元是否正确接入。 5. 输出是否有接地情况
F0004 变频器过温	冷却风量不足，机柜通风不好环境温度过高	1. 检查变频器本身的冷却风机。 2. 可以适当降低调制脉冲的频率。 3. 降低环境温度
F0005 变频器 I^2T 过载	电动机功率（P0307）大于变频器的负载能力（P0206） 负载有冲击	检查变频器实际输出电流 r0027 是否超过变频器的最大电流 r0209
F0011 电动机过热	负载的工作/停止周期不符合要求 电动机超载运行 电动机参数不对	1. 检查变频器输出电流。 2. 重新进行电动机参数识别（P1910 = 1）。 3. 检查温度传感器
F0022 功率组件故障	制动单元短路，制动电阻阻值过低 电动机接地 IGBT 短路 组件接触不良	1. 如果 F0022 在变频器通电时就出现且不能复位，则重新插拔 I/O 板或者维修。 2. 如果故障出现在变频器启动的瞬间，则检查斜坡上升时间是否过短。 3. 检查制动单元制动电阻。 4. 检查电动机，电缆是否接地
F0041 电动机参数检测失败	电动机参数自动检测故障	检查电动机类型，接线，内部是否有短路，手动测量电动机阻抗写入数 P0350

故 障 代 码	故障成因分析	故障诊断及处理
F0042 速度控制优化失败	电动机动态优化故障	检查机械负载是否脱开，重新优化
F0080 模拟输入信号丢失	断线，信号超出范围	检查模拟量接线，测试信号输入
F0453 电动机堵转	电动机转子不旋转	检查机械抱闸，重新优化
A0501 过电流限幅	电动机电缆过长 电动机内部有短路 接地故障 电动机参数不正确 电动机堵转 补偿电压过高 起动时间过短	1. 检查电动机电缆。 2. 检查电动机绝缘。 3. 检查变频器的电动机参数，补偿电压，加减速时间设置是否正确
A0502 过电压限幅	线电压过高或者不稳 再生能量回馈	1. 测量三相输入电压。 2. 加减速时间 P1121。 3. 安装制动电阻。 4. 检查负载是否平衡
A0503 欠电压报警	电网电压低 输入断相 冲击性负载	1. 测量变频器输入电压。 2. 如果变频器在轻载时能正常运行，但重载时报欠电压故障，测量三相输入电流。可能断相，可能变频器整流桥故障。 3. 检查负载
A0504 变频器过温	冷却风量不足，机柜通风不好 环境温度过高	1. 检查变频器的冷却风机。 2. 改善环境温度。 3. 适当降低调制脉冲的频率
A0505 变频器过载	变频器过载 工作/停止周期不符合要求 电动机功率（P0307）超过变频器的负载能力（P0206）	可以通过检查变频器实际输出电流 r0027 是否接近变频器的最大电流 r0209，如果接近，说明变频器过载，建议减小负载
A0511 电动机 I²T 过载	电动机过载 负载的"工作—停机"周期中，工作时间太长	1. 检查负载的工作—停机周期必须正确。 2. 检查电动机的过温参数（P0626～P0628）必须正确。 3. 检查电动机的温度报警电平（P0604）必须匹配。 4. 检查所连接传感器是否是 KTY 84 型
A0512 电动机温度信号丢失	至电动机温度传感器的信号线断线	如果已检查出信号线断线，则温度监控开关应切换到采用电动机的温度模型进行监控
A521 运行环境过温	运行环境温度超出报警值	1. 检查环境温度必须在允许限值以内。 2. 检查变频器运行时，冷却风机必须正常转动。 3. 检查冷却风机的进风口不允许有任何阻塞
A0541 电动机数据自动检测已激活	已选择电动机数据的自动检测（P1910）功能，或检测正在进行	如果此时 P1910 = 1，则需要马上启动变频器激活自动检测

故障代码	故障成因分析	故障诊断及处理
A0590 编码器反馈信号 丢失的报警	从编码器来的反馈信号丢失	1. 检查编码器的安装及参数设置。 2. 检查变频器与编码器之间的接线。 3. 手动运行变频器，检查 r0061 是否有反馈信号。 4. 增加编码器信号丢失的门限值（P0492）
A0910 最大电压 Vdc - max 控制器未激活	电源电压一直太高 电动机由负载带动旋转，使电动机处于再生制动方式下运行 负载的惯量特别大	检查电源输入电压是否在许可范围内，负载是否匹配，安装制动单元、制动电阻
A0911 最大电压 Vdc - max 控制器激活	直流母线电压超过 P2172 所设定的门限值	检查电源电压不应超过铭牌上所标示的数值，斜坡下降时间（P1121）必须与负载的惯量相匹配
A0922	变频器无负载	输出没接电动机，或者电动机功率过小

参 考 文 献

［1］石秋洁．变频器基础应用［M］.2 版．北京：机械工业出版社，2014.

［2］周奎．变频器系统运行与维护［M］.北京：机械工业出版社，2014.

［3］张承慧．交流电机变频调速及其应用［M］.北京：机械工业出版社，2014.

［4］李志平，刘维林．西门子变频器技术及应用［M］.北京：中国电力出版社，2014.

［5］龚中华．交流伺服与变频技术应用［M］.北京：人民邮电出版社，2014.

［6］张娟．变频器应用与维护项目教程［M］.北京：化学工业出版社，2014.

［7］薛晓明．变频技术与应用［M］.北京：北京理工大学出版社，2013.

［8］曾允文．变频调速技术基础教程［M］.北京：机械工业出版社，2013.

［9］段刚．PLC 变频器应用技术项目教程［M］.北京：机械工业出版社，2013.

［10］李良仁．变频调速技术与应用［M］.北京：电子工业出版社，2012.

［11］钱海月．变频器控制技术［M］.北京：电子工业出版社，2013.

［12］宁秋平．电气控制变频技术应用［M］.北京：电子工业出版社，2012.

［13］宋爽．变频技术及应用［M］.北京：高等教育出版社，2014.

［14］姚锡禄．变频器技术应用［M］.北京：电子工业出版社，2009.